NICHT GANZ DICHT !

"Hydraulik kompakt: Praxistipps vom Experten"

"Hydraulik kompakt: Praxistipps vom Experten"

tredition

© 2023 Dirk Schul
Website: https://www.gidz21.jimdofree.com

Druck und Distribution im Auftrag des Autors:
tredition GmbH, Heinz-Beusen-Stieg 5, 22926 Ahrensburg, Germany

Das Werk, einschließlich seiner Teile, ist urheberrechtlich geschützt. Für die Inhalte ist der Autor verantwortlich. Jede Verwertung ist ohne seine Zustimmung unzulässig. Die Publikation und Verbreitung erfolgen im Auftrag des Autors, zu erreichen unter: Dirk Schul, Gerberstraße 36, 66589 Wemmetsweiler, Germany.

ISBN Softcover: 978-3-384-04649-9

ISBN Hardcover: 978-3-384-04650-5

ISBN E-Book: 978-3-384-04651-2

Inhalt:

Liebe Leserinnen und Leser,

mit großer Freude präsentiere ich Ihnen das Buch "NICHT GANZ DICHT! Hydraulik kompakt: Praxistipps vom Experten", das auf meinen fast 40 Jahren Erfahrung im Bereich der Hydraulik basiert. Als Maschinenbaumechaniker-Handwerksmeister mit dem Spezialgebiet Fluidtechnik durfte ich viele spannende Herausforderungen in meinem beruflichen Werdegang meis-tern und zahlreiche Erkenntnisse gewinnen.

Die Idee, mein Wissen und meine Erfahrungen in Buchform weiterzugeben, ist aus meinem tiefen Verlangen entstanden, angehenden Hydraulikern einen umfassenden und verständlichen Einblick in die Welt der Hydraulik zu bieten. Ich möchte Ihnen dabei helfen, die Grundlagen zu verstehen, die technischen Zusammenhänge zu durchdringen und die Herausforderungen der Hydraulik erfolgreich zu meistern.

In "NICHT GANZ DICHT! Hydraulik kompakt: Praxistipps vom Experten", finden Sie eine ausführliche Einführung in die Grundprinzipien der Hydraulik. Dabei habe ich großen Wert darauf gelegt, dass die Inhalte leicht zugänglich und anschaulich vermittelt werden. Praktische Beispiele aus meiner eigenen Erfahrung sollen Ihnen helfen, das Gelernte zu verinnerlichen und anzuwenden.

Es ist mein Ziel, Ihnen mit diesem Buch das notwendige Rüstzeug für einen erfolgreichen Einstieg in die Welt der Hydraulik zu geben. Dabei möchte ich nicht nur technisches Wissen vermitteln, sondern auch Begeisterung und Leidenschaft für dieses faszinierende Gebiet wecken. Die Hydraulik hat einen enormen Einfluss auf unsere moderne Welt und ist in zahlreichen

Industriezweigen von großer Bedeutung.

Ich hoffe, das "NICHT GANZ DICHT! Hydraulik kompakt: Praxistipps vom Experten", ihnen eine wertvolle Quelle des Wissens und der Inspiration sein wird. Nehmen Sie dieses Buch zur Hand und lassen Sie uns gemeinsam in die Welt der Hydraulik eintauchen. Ich bin überzeugt, dass Sie das Gelernte in Ihrem beruflichen Alltag anwenden können und neue Perspektiven gewinnen werden.

Ich wünsche Ihnen viel Freude beim Lesen, Lernen und Entdecken!

Ihr

Autor

Kapitel 1

Hydraulik in der Praxis

In der Welt der Bücher über Hydraulik (Fluidtechnik) gibt es bereits viele Werke. Daher entschied ich mich, ein Buch zu verfassen, das aus meinem reichen Erfahrungsschatz von fast 40 Jahren in der hydraulischen Welt schöpft. Dieses Buch soll all jenen eine wichtige Stütze sein, die bereits Hydraulikkurse besucht und zahlreiche Fachbücher studiert haben, aber dennoch Schwierigkeiten bei der Fehlersuche oder beim Aufbau einer einfachen Hydraulikanlage haben.

Bevor wir uns gemeinsam in die Welt der Hydraulik vertiefen, möchte ich mich zunächst bei Ihnen, liebe Leserinnen und Leser, vorstellen. Mein Name ist Dirk Schul, und ich bin unter anderem Maschinenbaumechaniker-Handwerksmeister. Meine berufliche Reise begann mit über 7 Jahren im Kundendienst eines renommierten saarländischen Herstellers von Hydraulikkomponenten. Danach führte mich mein Weg über 17 Jahre hinweg zur Gründung und Leitung meiner eigenen Firma, der Schul-Hydraulik GmbH.

Später fand ich mich in der Rolle eines Projektleiters in einer großen Giesserei im Großraum Saarbrücken wieder. Doch selbst während dieser Zeit leitete ich meine Firma, ISWEOS Energy for People, im Nebenerwerb über mehr als 10 Jahre. ISWEOS steht für "Innovative Silent Windenergy Original Schul". An dieser Stelle möchte ich erwähnen, dass ich die Leistung dieser "lautlosen Windturbine" mittels Hydraulik abgegriffen habe. Hierüber erfahren Sie mehr in diesem Buch.

Hier nun zur Einleitung eine kurze Zusammenfassung der Geschichte der Hydraulik.

Kapitel 2

Geschichte der Hydraulik

Die Geschichte der Hydraulik reicht Tausende von Jahren zurück und umfasst viele wichtige Entwicklungen:

1. **Antike Zeiten**: Die Anfänge der Hydraulik können bis in das alte Ägypten und Mesopotamien zurückverfolgt werden, wo Wasserleitungen und Bewässerungssysteme mit Hilfe von Wasserdruck entwickelt wurden.

2. **Griechenland und Rom**: Die Griechen und Römer entwickelten fortschrittliche Wasserhebewerke wie den Archimedischen Schraube und Aquädukte, um Wasser für städtische Versorgung und landwirtschaftliche Zwecke zu transportieren.

3. **Mittelalter**: Während des Mittelalters wurde die Wasserkraft für Mühlen und Werkstätten genutzt, und es wurden verschiedene Wassersysteme zur Bewässerung von Feldern entwickelt.

4. **Renaissance**: Während der Renaissancezeit begannen Ingenieure wie Leonardo da Vinci, sich intensiver mit hydraulischen Prinzipien zu befassen und entwickelten verschiedene Mechanismen und Maschinen.

5. **18. Jahrhundert**: Die Industrialisierung führte zu einer verstärkten Nutzung der Hydraulik in Bergbau- und Industrieanwendungen. Die Wasserradtechnologie wurde weiterentwickelt.

6. **19. Jahrhundert**: In dieser Zeit wurden hydraulische Pressen und Turbinen entwickelt, und die Hydraulik begann, in der Schwerindustrie, im Bergbau und im Bauwesen eine größere Rolle zu spielen.

7. **20. Jahrhundert**: Mit dem Aufkommen von Hydraulikzylindern, Ventilen und Hochdruckhydrauliksystemen wurde die Hydraulik zu einem wichtigen Bestandteil von Maschinen und Fahrzeugen. Sie wird in vielen Bereichen wie Flugzeugen, Automobilen und Baumaschinen eingesetzt.

8. **Heute**: Die Hydraulik ist weiterhin eine wesentliche Technologie in vielen Industriezweigen. Sie wird für die Steuerung von Maschinen, Hub- und Fördersystemen, in der Automatisierungstechnik, der Robotik und vielen anderen Anwendungen verwendet.

Die Geschichte der Hydraulik zeigt, wie sich diese Technologie im Laufe der Jahrhunderte entwickelt hat und wie sie heute in einer breiten Palette von Anwendungen und Branchen eingesetzt wird.

Bitte beachten Sie, dass dieses Buch Grundkenntnisse der Ölhydraulik, einschließlich Schaltsymbolen (siehe unter anderem Tabellenbuch Metall), voraussetzt.

Kapitel 3

Die Grundlagen der Hydraulik: Druck, Volumen, Flüssigkeiten und Gase

Die Hydraulik ist ein faszinierendes Gebiet der Technik, das auf den grundlegenden Prinzipien von Druck, Volumen, Flüssigkeiten und Gasen basiert. Diese Konzepte bilden das Fundament für das Verständnis und die Anwendung hydraulischer Systeme in verschiedenen Industriezweigen.

Druck ist eine physikalische Größe, die die Kraft pro Flächeneinheit angibt. In hydraulischen Systemen wird Druck oft durch eine Flüssigkeit übertragen, die in geschlossenen Leitungen oder Zylindern zirkuliert. Dabei spielt das Gesetz von Pascal eine wichtige Rolle: Der Druck, der auf eine Flüssigkeit ausgeübt wird, wird in alle Richtungen gleichmäßig übertragen. Das ermöglicht die Kraftverstärkung und präzise Steuerung in hydraulischen Systemen.

Volumen bezieht sich auf den Raum, den eine Flüssigkeit oder ein Gas einnimmt. In hydraulischen Systemen ist es wichtig, das Volumen der Flüssigkeit genau zu kennen und zu kontrollieren. Durch Änderungen des Volumens kann die Richtung und Geschwindigkeit der Bewegung gesteuert werden. Die Grundlage dafür bildet das Gesetz von Boyle-Mariotte, welches besagt, dass der Druck eines Gases bei konstanter Temperatur umgekehrt proportional zu seinem Volumen ist.

Flüssigkeiten sind in hydraulischen Systemen aufgrund ihrer Inkompressibilität besonders gut geeignet. Sie können Kräfte übertragen, ohne dass sich ihr Volumen signifikant ändert. Flüssigkeiten, wie beispielsweise Öle oder Wasser, werden in hydraulischen Systemen als Übertragungsmedium verwendet. Sie ermöglichen eine effiziente Energieübertragung und präzise Steuerung der Bewegung.

Gase hingegen sind kompressibel und nehmen bei steigendem Druck an Volumen zu. In einigen Anwendungen werden jedoch auch gasbetriebene hydraulische Systeme eingesetzt. Hier kommt es auf die sorgfältige Abstimmung von Druck und Volumen an, um eine zuverlässige und kontrollierte Kraftübertragung zu gewährleisten.

Das Verständnis dieser grundlegenden Konzepte – Druck, Volumen, Flüssigkeiten und Gase – bildet die Basis für den erfolgreichen Umgang mit hydraulischen Systemen. Sie ermöglichen es, Kräfte zu verstärken, Bewegungen zu steuern und Präzision in industriellen Anwendungen zu erreichen. Die Hydraulik ist eine spannende Disziplin, die es angehenden Hydraulikern ermöglicht, sich in die Welt der Kraftübertragung einzuarbeiten und ihre technischen Fähigkeiten weiterzuentwickeln.

Kapitel 4

Das Druckbegrenzungsventil (Sicherheitsventil)

Im Unterschied zu den meisten Fachbüchern starte ich mit dem zentralsten und gleichzeitig bedeutendsten Ventil in der Ölhydraulik: dem Druckbegrenzungsventil!

Ein Druckbegrenzungsventil, auch als Sicherheitsventil bekannt, ist eine entscheidende Komponente in der Ölhydraulik. Es dient dazu, den Druck in hydraulischen Systemen auf ein sicheres Niveau zu begrenzen und somit vor übermäßigem Druck und potenziellen Schäden zu schützen. In diesem Artikel werde ich die Funktionsweise eines Druckbegrenzungsventils in der Ölhydraulik ausführlich erklären und darauf eingehen, warum es in keiner Hydraulikanlage fehlen darf, unter Berücksichtigung der DIN EN und DGUV-Normen.

Funktionsweise eines Druckbegrenzungsventils:

Ein Druckbegrenzungsventil besteht in der Regel aus einem Ventilkörper, einer Feder, einem Ventilsitz und einem einstellbaren Druckeinstellmechanismus. Hier ist, wie es funktioniert:

1. **Ventilkörper:** Der Ventilkörper ist ein Gehäuse, das den Rest des Ventils enthält und mit dem hydraulischen System verbunden ist.

2. **Feder:** Im Inneren des Ventilkörpers befindet sich eine Feder. Diese Feder übt einen kontinuierlichen Druck auf das Ventil aus, um es in geschlossener

Position zu halten.

3. **Ventilsitz:** Das Druckbegrenzungsventil hat einen Ventilsitz, der den Durchfluss des Hydrauliköls blockiert, solange der Druck im System unterhalb des eingestellten Schwellenwerts liegt.

4. **Druckeinstellmechanismus:** Das Druckbegrenzungsventil ist mit einem einstellbaren Mechanismus ausgestattet, der es ermöglicht, den gewünschten Maximaldruck festzulegen. Dies kann eine Schraube, ein Drehknopf oder ein anderes Einstellteil sein.

Funktionsweise im Betrieb:

Wenn das hydraulische System in Betrieb ist, fließt das Öl durch das Druckbegrenzungsventil. Solange der Druck im System unter dem eingestellten Wert liegt, bleibt das Ventil geschlossen, und der Ölfluss wird nicht unterbrochen. Sobald der Druck jedoch den voreingestellten Schwellenwert erreicht oder überschreitet, überwindet der Druck die Federkraft und öffnet das Ventil. Dadurch wird ein Teil des Öls vom Hochdruckbereich zurück in den Niederdruckbereich geleitet, was den Druck im System begrenzt.

Warum ein Druckbegrenzungsventil in keiner Hydraulik fehlen darf:

Ein Druckbegrenzungsventil ist von entscheidender Bedeutung, aus mehreren Gründen:

1. **Schutz vor Überlastung:** Es schützt das hydraulische System vor Überlastung und potenziell gefährlichem Druck, der zu Leckagen, Schäden an

Komponenten und sogar zu Unfällen führen kann.

2. **Wahrung der Systemintegrität:** Durch die Begrenzung des Drucks trägt das Ventil zur Verlängerung der Lebensdauer der hydraulischen Komponenten und zur Wahrung der Systemintegrität bei.

3. **Einhaltung von Normen:** Die DIN EN (Deutsche Industrienorm Europäisch) und DGUV (Deutsche Gesetzliche Unfallversicherung) sind Normen und Sicherheitsvorschriften, die in Deutschland gelten. Sie schreiben vor, dass Hydraulikanlagen bestimmten Sicherheitsstandards entsprechen müssen, und ein Druckbegrenzungsventil ist eine wesentliche Komponente, um diese Standards zu erfüllen.

4. **Sicherheit am Arbeitsplatz:** In vielen industriellen Anwendungen, insbesondere in Maschinen, die von Arbeitnehmern bedient werden, ist die Sicherheit von größter Bedeutung. Ein Druckbegrenzungsventil gewährleistet die Sicherheit am Arbeitsplatz, indem es potenziell gefährliche Drucksituationen verhindert.

Zusammenfassend lässt sich sagen, dass ein Druckbegrenzungsventil in der Ölhydraulik eine unverzichtbare Komponente ist, die dazu dient, das hydraulische System vor Überlastung und gefährlichem Druck zu schützen. Es trägt zur Wahrung der Systemintegrität, zur Einhaltung von Sicherheitsstandards gemäß DIN EN und DGUV und zur Gewährleistung der Sicherheit am Arbeitsplatz bei. Damit ist es eine grundlegende Komponente in jeder Hydraulikanlage.

Der Grund, warum ich mit dem Druckbegrenzungsventil beginne, liegt in meinen umfangreichen Erfahrungen während meiner langjährigen beruflichen Laufbahn.

Im Laufe der Zeit habe ich bei verschiedenen Kunden vor Ort immer wieder die gleiche Situation beobachtet: Die Maschinen erbrachten nicht mehr die erwartete Leistung, und in solchen Momenten griffen die Reparaturspezialisten der Kunden oft zur Druckbegrenzung. In den meisten Fällen wurde der Druck sogar bis zum Anschlag erhöht.

Das Interessante an dieser Beobachtung ist, dass der eigentliche Fehler in der Regel an anderer Stelle im hydraulischen System lag. Diese Probleme waren vielfältig und reichten von Zylindern, die Überströmungen aufwiesen, über klemmende Ventile bis hin zu Pumpenausfällen.

Dieses Verhalten, den Druck am Druckbegrenzungsventil zu erhöhen, ist zwar verständlich, da es auf den ersten Blick wie eine Lösung erscheint, um die gewünschte Leistung wiederherzustellen. Jedoch ist es wichtig zu verstehen, dass dies lediglich eine vorübergehende Lösung ist und nicht das eigentliche Problem löst. Tatsächlich kann eine übermäßige Erhöhung des Drucks weitere Schäden am hydraulischen System verursachen und die Sicherheit gefährden.

Daher ist es entscheidend, die Ursache des Leistungsabfalls oder der Störung genau zu diagnostizieren und zu beheben. Das Druckbegrenzungsventil sollte nur dann angepasst werden, wenn dies als Teil einer korrekten Lösung notwendig ist, um den Druck auf sichere Werte zu begrenzen und das System vor

Überlastung zu schützen. In vielen Fällen wird das Ventil jedoch nicht das Hauptproblem sein, sondern lediglich eine Maßnahme zur Symptombekämpfung.

Insgesamt zeigt diese Erfahrung, wie wichtig es ist, ein fundiertes Verständnis für die Funktionsweise der Hydraulik und die Rolle jedes einzelnen Ventils und Bauteils zu haben, um effektive Reparaturen und Wartungsarbeiten durchzuführen und unnötige Belastungen des Systems zu vermeiden.

Auf Seite 16 finden Sie eine detaillierte schematische Darstellung eines Druckbegrenzungsventils incl. seiner Funktionsweise.

Druckbegrenzungsventil (Sicherheitsventil)

P_E = Eingangsdruck

P_A = Ausgangsdruck (Medium zum Tank)

$F_{hyd.}$ = hydraulische Kraft

F_F = Kraft der vorgespannten Feder (einstellbar)

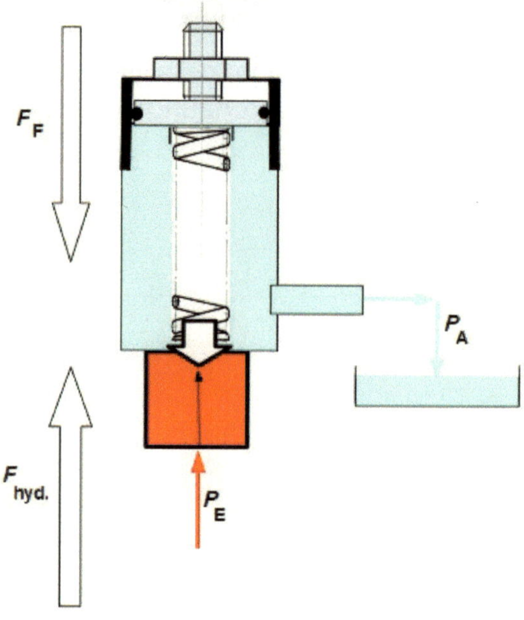

Hydrauliksymbol für Druckbegrenzungsventil, direktge-
steuert und einstellbar:

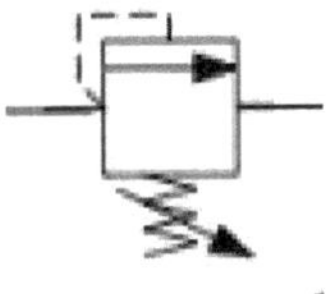

Liebe Leserinnen und Leser, sollten Sie jemals auf alte
Hydraulikschaltpläne stoßen oder, wie in einigen
Beispielen dieses Buches (hydraulische Schaltungen)
gezeigt wird, das vorherige Hydrauliksymbol für ein
Druckbegrenzungsventil nachvollziehen möchten, finden
Sie hier die Darstellung:

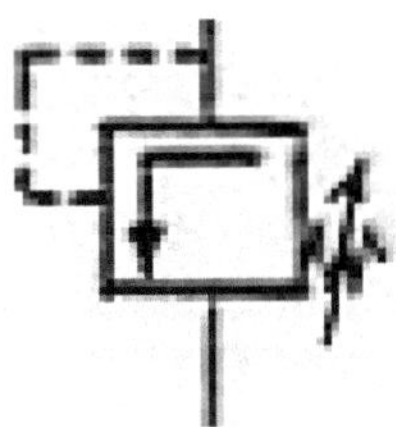

Kapitel 5

Der hydraulische Energiefluss

Einmal mehr möchte ich erwähnen, dass Ölhydraulik/Pneumatik (Fluidtechnik), für einen technikbegeisterten Menschen etwas Wunderbares ist. Man kann unter anderem auf kleinsten Räumen, größte Kräfte übertragen. Dies geschieht vorzugsweise, elektrische Energie (Elektromotor) in mechanische Energie (Drehbewegung), dann mittels Hydraulikpumpe in hydraulische Energie (diese wird gesteuert und geregelt) umgewandelt wird. Danach wird die so umgeformte Energie wieder in mechanische Energie verwandelt. Speziell den hydraulischen Energiefluß versuche ich nun mit wenigen Worten und anhand eines Schnittmodelles (s. Foto auf Seite 20), ihnen liebe Leserinnen und Lesern, näherzubringen.

Zunächst fördert die Hydraulikpumpe ihrer Baugröße entsprechend eine bestimmte
Menge Hydraulikflüssigkeit in das System. Diese Flüssigkeit trifft nun gesteuert,
geregelt über Rohr- und/oder Schlauchleitungen geführt in einen oder mehreren Hydraulikzylinder oder einem oder mehrerer Hydraulikmotoren, ein.

Lassen Sie uns das am Beispiel eines Zylinders erläutern. Die Flüssigkeit fließt zunächst in den Zylinderkolbenraum. Dieser Raum füllt sich schnell mit Flüssigkeit, da der Zylinderkolben durch ein Dichtungssystem vom Zylinderstangenraum Leckagefrei abgedichtet ist (wie auf Seite 20 im Zylinderschnittmodell zu sehen ist). Wenn die Pumpe weiter fördert, baut sich auf der Kolbenseite eine Kraft auf, die so lange ansteigt, bis die gegenläufige Kraft überwunden ist. Nach diesem Punkt gibt es keinen weiteren Anstieg der Kraft auf der Kolbenseite, da sich die Zylinderstange in die entgegengesetzte Richtung bewegt.

Die auf der Kolbenseite entstehende Kraft, abhängig von der Kolbenfläche, wird in der Hydraulik in Form von Druck gemessen. In der Praxis wird der Druck in der Einheit "bar" angegeben.

Ein Bar entspricht etwa einem Kilogramm Gewicht auf einer Fläche von einem Quadratzentimeter (etwa in der Größe eines Daumennagels).

Es ist allerdings nicht ausreichend, etwas über den Druck zu wissen, um eine hydraulische Anlage zu verstehen. Man muss unter anderem auch einen hydraulischen Schaltplan lesen und interpretieren können. Bei umfangreichen Anlagen sollte man als Hydrauliker auch einen Elektro-Schaltplan verstehen, da das Feld der Hydraulik auch in die Elektronik sowie in die Mechanik hineinreicht. Auch ist es unerlässlich, dass man die einzelnen Innenleben der verschiedensten Hydraulik-komponenten kennt, ansonsten wird man wahrscheinlich keine Fehler in einer defekten Hydraulik finden. Ich versuche mich immer in das Medium (Hydraulik-flüssigkeit) hineinzuversetzen. So habe ich bis heute alle Fehler früher oder später gefunden.

Kraftrichtung
Zylinderstange
Zylinderstangenraum
Zylinderkolben
Kolbendichtung
Flüssigkeitseintritt
Zylinderkolbenraum

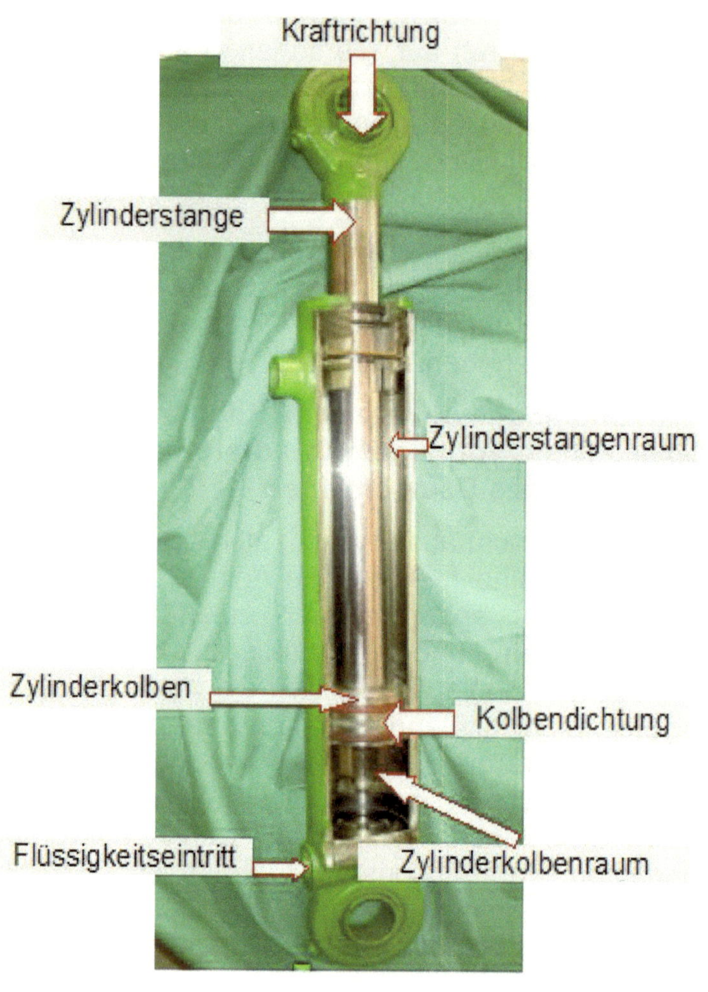

20

Kapitel 6

Nicht ganz Dicht!

Der Begriff "Nicht ganz Dicht!" wurde früher von einigen Reparaturschlossern in Betrieben verwendet, die mit der Reparatur und Wartung von Hydraulikanlagen betraut waren. Dabei bezogen sie sich auf die Vorstellung, dass eine gute Hydraulikanlage ständig mit etwas Hydraulikflüssigkeit außen befeuchtet sein sollte - sie müsse gewissermaßen "schwitzen". Diese Vorstellung ist jedoch absolut **Nonsens!** Tatsächlich sollte bei einer Hydraulikanlage alles trocken und vorzugsweise sauber sein. Undichte Stellen können nämlich dazu führen, dass Schmutz in die Hydraulikanlage gelangt, was keineswegs akzeptabel ist. Tatsächlich sind ungefähr 80% der Probleme bei einer defekten Hydraulikanlage auf Verunreinigungen zurückzuführen.

Daher ist es äußerst wichtig, bei Verbindungen in der Hydraulik, sei es beim Montieren von Verschraubungen, Schlauchleitungen oder Rohrleitungen, immer im Idealfall solche mit, zum Betriebsmedium passenden, elastomeren Dichtungen zu verwenden. Diese Dichtungen sind passgenau und gewährleisten eine effektive Abdichtung, um das Eindringen von Schmutz und Feuchtigkeit zu verhindern. Dies ist von entscheidender Bedeutung, um die Funktionsfähigkeit und Langlebigkeit der Hydraulikanlage zu gewährleisten. Daher sollten Wartungs- und Reparaturarbeiten stets mit höchster Sorgfalt durchgeführt werden, um die Qualität und Zuverlässigkeit des Systems zu erhalten. Undichte Stellen sind nicht nur ein Ärgernis, sondern können zu schwerwiegenden Schäden führen, die vermieden werden sollten.

Es ist äußerst wichtig, bei der Gestaltung und Wartung von Hydrauliksystemen auf die korrekte Filterfeinheit, zu achten. Stellen wir uns vor, dass in einem Hydrauliksystem Proportionalventile eingebaut sind. In diesem Fall ist es absolut entscheidend, dass die verwendeten Druckfilter- und Rücklauffilterelemente eine Feinheit von 5 oder 6 Mikrometern haben. Es wäre inakzeptabel, wenn gleichzeitig der Einfüll- und Belüftungsfilter des Systems mit einem Drahtgeflecht von 200 Mikrometern verbaut wäre.

Die Wahl der geeigneten Filterfeinheit ist von großer Bedeutung, da sie direkten Einfluss auf die Funktionsweise des Systems hat. In einem Hydrauliksystem mit Proportionalventilen, die sehr präzise auf Steuersignale reagieren, müssen die Druck- und Rücklauffilter eine extrem feine Filtration gewährleisten. Dies dient dazu, kleinste Verunreinigungen und Partikel zu entfernen, die die Ventile blockieren oder beschädigen könnten. Eine Filterfeinheit von 5 oder 6 Mikrometern ist in solchen Fällen ein angemessener Standard.

Es ist wichtig zu beachten, dass beim Belüftungsfilter darauf geachtet werden muss, dass die gesamte angesaugte oder abgestrahlte Luft vollständig über das Belüftungsfiltermodul geleitet wird.

In einem äußerst anspruchsvollen Betrieb, wie beispielsweise in Gießereien oder Stahlwerken, in denen die Luft stark verschmutzt ist und im Drei-Schicht-System gearbeitet wird, ist es ratsam, bei Verwendung von Proportionalventilen eventuell Filterelemente mit einer

Filtrationsrate von 2 Mikrometern (2μm) einzubauen. Falls Servoventile verwendet werden, ist eine Filtration von mindestens 2μm zwingend erforderlich. Selbst in herkömmlichen Schwarz-Weiß-Hydraulikanlagen sollte die Filtration nicht zu grob ausfallen.

In optimalen Fällen sollte an solch anspruchsvollen Hydraulikanlagen, die mit Proportionalventilen oder Servoventilen ausgestattet sind, neben einer ordnungsgemäß dimensionierten Filtrationseinrichtung auch ein permanent installiertes Umpumpfiltrationsaggregat in Bezug auf das gesamte Ölvolumen vorhanden sein. Dies bietet den Vorteil, dass das Öl kontinuierlich gefiltert wird und die Rohrleitungen im Tank im Voraus so verlegt werden können, dass ein maximaler Reinigungseffekt beim Saugen und Pumpen erzielt wird.

Es ist von besonderer Bedeutung, zu berücksichtigen, dass sowohl das Fassöl als auch die hydraulische Flüssigkeit, die in Kanistern geliefert wird, stets über ein externes Umpumpfiltrationsaggregat mit Filterelementen, die dem zu befüllenden System entsprechen, in den Hydrauliktank eingeleitet werden sollten. Diese Vorgehensweise ist notwendig, da die gelieferten Öle, die sich oft in Fässern oder Kanistern befinden, oft einen höheren Verschmutzungsgrad aufweisen, als es die Hydraulikanlage tolerieren kann.

In meiner beruflichen Praxis habe ich bereits erlebt, dass in gelieferten Hydraulikanlagen, die mit Proportionalventilen ausgestattet waren, das Filtersystem mit einer Filtrationsrate von 10μm viel zu grob dimensioniert war. Später stellte sich heraus, dass die Filterelemente falsch herum durchströmt wurden, was letztendlich zu ihrem

Platzen führte. Da diese Filterelemente mit einer elektronischen Überwachung ausgestattet waren, wären sie ohne meine Ölprobenanalyse nie ausgetauscht worden.

Der Zustand des Öls, das beim Befüllen der Anlage nahezu transparent war und später dunkelschwarz wurde, deutete darauf hin, dass die Hydraulikanlage bereits erheblich beschädigt war. Umgehend wurden sowohl das Öl als auch die Filterelemente ausgetauscht, und Adapter wurden eingesetzt, um die korrekte Durchströmungsrichtung sicherzustellen. Dieses Beispiel verdeutlicht, welches Einsparpotenzial durch rechtzeitigen Austausch von Öl und Filterelementen besteht. Insbesondere in einer anspruchsvollen Umgebung, in der das Hydraulikaggregat in einer staubigen Umgebung aufgestellt ist und im Dreischichtbetrieb betrieben wird, sind solche Maßnahmen von entscheidender Bedeutung. Daher ist es unerlässlich, bei der Auswahl der Filterelemente und der korrekten Dimensionierung der Filter äußerst aufmerksam zu sein.

Insgesamt spielt die Wahl der Filterfeinheit eine entscheidende Rolle für die Leistung und Langlebigkeit eines Hydrauliksystems. Sie gewährleistet den Schutz und die effiziente Nutzung kritischer Komponenten wie Proportionalventile und sorgt gleichzeitig für den reibungslosen Betrieb des Gesamtsystems. Daher sollten bei der Planung und Wartung von Hydrauliksystemen alle Filterelemente und ihre Feinheit sorgfältig abgestimmt werden, um eine optimale Systemleistung zu garantieren.

Kapitel 7

Entwicklung eines Hydraulikaggregats

In diesem Abschnitt widmen wir uns der Entwicklung und dem Aufbau eines Hydraulikaggregats. Dabei beleuchten wir die entscheidenden Vorüberlegungen, die sicherstellen, dass es bei der späteren Inbetriebnahme keine unangenehmen Überraschungen gibt. Stellen wir uns vor wir hätten den Auftrag erhalten, einen Zylinder (wie auf Seite 20 dargestellt) in eine Konstruktion zu integrieren, der dazu dienen soll, ein bestimmtes Gewicht (eine Stahlplatte), nach oben zu bewegen.

In diesem Projekt liegt kein festes Lasten- Pflichtenheft vor, daher müssen wir im Vorfeld einige Schlüsselfragen klären, unter anderem:

1. **Gewicht und erforderliche Kraft:** Welche Masse hat die Stahlplatte, und welche Kraft ist erforderlich, um sie anzuheben?
2. **Geschwindigkeitsanforderungen:** Mit welcher Geschwindigkeit soll die Platte nach oben bewegt werden?
3. **Betriebsbedingungen:** Wie oft hintereinander und in welchem Zeitrahmen wird die Stahlplatte angehoben?
4. **Installationsort:** Wo wird das Hydraulikaggregat vor Ort aufgebaut?
5. **Entfernung zur Konstruktion:** Wie weit ist der Aufstellort des Aggregats von der Konstruktion entfernt?
6. **Temperaturbedingungen:** Wie sind die Tempe-

raturbedingungen vor Ort, insbesondere über das gesamte Jahr hinweg?

7. **Platzverfügbarkeit:** Welcher Platz steht vor Ort zur Verfügung (dokumentiert mit Fotos)?
8. **Betriebsmedium:** Mit welchem Betriebsmedium wird das Aggregat betrieben?
9. **Anschluss und Bauteile:** Wie wird das Aggregat angeschlossen, und welche Bauteile sollen verwendet werden? Gibt es bereits Lagerbestände von Bauteilen?
10. **Stromversorgung:** Welche Spannung steht vor Ort zur Verfügung? In der Industrie wird in der Regel mit 230/400 Volt mit 50 Hz gearbeitet, es sind jedoch auch Sonderspannungen möglich.

Diese Fragen sind von entscheidender Bedeutung, um eine erfolgreiche Entwicklung und Implementierung des Hydraulikaggregats sicherzustellen. Wir nehmen an, dass wir bei der Auswahl der Hydraulikkomponenten und Anschlussverschraubungen vollständige Freiheit haben und sich alles andere im normalen Standardbereich bewegt. Wir verwenden Mineralöl HLP 32 als Betriebsmedium, und die Temperaturen bleiben das gesamte Jahr über konstant bei 20°C. Da das Aggregat nur gelegentlich im Ein-Schicht-Betrieb verwendet wird, ist ein zusätzlicher Kühler nicht erforderlich. Das Hydraulikaggregat wird direkt neben der Konstruktion an seinem Standort platziert.

Das bedeutet für uns, dass wir nun aus verschiedenen Herstellern auswählen können, die auf dem Markt verfügbar sind. Nachdem alle Parameter sorgfältig erfasst wurden und feststehen – und diese Informationen sind natürlich umfassend zu dokumentieren, am besten mit fotografischer Unterstützung, um sicherzustellen, dass vor Ort bei der Installation alles genau wie geplant umgesetzt wird – gibt es einen weiteren entscheidenden Aspekt zu beachten. Es ist ratsam, stets eine gewisse Reserve (üblicherweise etwa 10-20%) beim Hydraulikaggregat vorzusehen, falls zu einem späteren Zeitpunkt ein weiterer Zylinder oder ein Hydro-Motor zusätzlich angeschlossen werden sollte.

Da wir bereits über den benötigten Zylinder für unsere Anwendung verfügen und die Abmessungen des Zylinders (siehe Seite 20) bekannt sind (Kolbendurchmesser 63 mm, Stangendurchmesser 36 mm, Hub 300 mm), können wir mithilfe gebräuchlicher Formeln den erforderlichen Überdruck, mittels Kolbengeschwindigkeit und der Kolbenfläche die Literleistung der Pumpe ermitteln und natürlich die Leistung des Elektromotors berechnen.

Wichtiger Hinweis: Doppeltwirkende Zylinder verhalten sich ähnlich wie Druckübersetzer. Es ist unerlässlich, den zulässigen Betriebsdruck zu beachten, da die Ausfahrkraft auf der Kolbenseite um einen bestimmten Faktor größer ist als die Einfahrkraft. Zusätzlich verhalten sich die Ausfahr- und Einfahrgeschwindigkeiten im Verhältnis zu ihren Flächen umgekehrt. Eine größere Fläche führt zu langsameren Bewegungen, während eine kleinere Fläche schnellere Bewegungen bewirkt.

Bei der Wahl der Hublänge ist es entscheidend, verschiedene Faktoren zu berücksichtigen, darunter der Gesamthub, der Kolbenstangendurchmesser, das Stangenführungssystem und mehr. Beachten müssen wir dabei, dass der Zylinder nur eine begrenzte Menge an

Querkräften aufnehmen kann. Im Internet findet man auf verschiedenen Portalen sogenannte "Knickbelastungs-Diagramme", die bei der Beurteilung dieser Belastungsgrenze behilflich sein können. Selbstverständlich kann auch der Zylinderhersteller Auskunft darüber geben und uns bei der Auswahl und Auslegung des Zylinders unterstützen. Die sorgfältige Berücksichtigung all dieser Aspekte ist entscheidend, um einen sicheren und effizienten Betrieb unseres hydraulischen Systems zu gewährleisten.

Für alle interessierten Leserinnen und Leser, die sich eventuell mit der Reparatur von Zylindern beschäftigen möchten, habe ich hier einige nützliche Tipps.

Die Arbeit an Zylindern kann mitunter eine knifflige Angelegenheit sein, da es zahlreiche Varianten mit verschiedenen Verschlusstypen am Zylinderkopf und diversen Dichtsystemen gibt. Allein bei den Verschlussarten vom Zylinderkopf (der Zylinderkopf ist der Teil vom Zylinder, wo die Zylinderstange ausfährt), kann wenn nicht eingeschweißt, ab und an deren Sicherung zur Belustigung beitragen, vor allem wenn man so einen Zylinder vorher noch nie in der Hand hatte. Der Zylinder sah so ähnlich aus wie der auf Seite 20; allerdings hatte er einen Meter Hub und er hatte einen größeren Durchmesser. Da er ganz vorne am Kopf zwei Nuten hatte, setzen wir einen Schlüssel an und fingen an zu drehen. Das ging anfänglich schwer, aber mit der Zeit immer leichter. Aber nach ca. 20 Umdrehungen sahen wir immer noch kein Gewinde. Das machte uns ein wenig stutzig, aber man drehte weitere 20 Umdrehungen. Immer noch kein Gewinde zu sehen. Jetzt kamen doch erste ernsthafte Zweifel, ob es sich überhaupt um eine

Verschlussmutter handelte. Also fingen wir an, Stück für Stück den Zylinder außen am Kopf zu überprüfen, aber da war nur ein gleichmäßiger Farbüberzug. Nach einiger Zeit entschieden wir die Farbe zu entfernen, und siehe da wir stießen seitlich auf eine ca. 20x6 mm große Nut, die allerdings so sauber mit Silikon aufgefüllt war, dass sie unter dem Farbaufstrich nicht zu erkennen war. Nach dem Entfernen des Silikons sahen uns zwei Drahtenden an. Es handelte sich um die fast preiswerteste Art der Zylinderkopfsicherung, aber so gut getarnt, dass man stundenlang drehen kann, wenn man diese Art der Sicherung vorher noch nie gesehen hatte.

Es gab noch eine andere Art der Zylinderkopfsicherung, die erwähnenswert ist. Dabei handelte es sich um zwei einfach wirkende Zylinder(Plunger), die durch Systemdruck aus- und durch das Öffnen eines Ventils wieder eingefahren wurden. Beide Zylinder hatten vorne einen Sicherungsring (Seegerring), der sich jedoch nicht entfernen ließ. Dies lag daran, dass der Spalt zwischen Sicherungsring und Zylinderstange zu eng war, sodass ein Großteil des Rings in seiner Aufnahmebohrung verblieb, während der andere Teil bereits die Zylinderstange erreichte.

Normalerweise arbeiten wir mit Pressluft, um die Zylinder aus- und einzufahren, da dies den Vorteil hat, dass nach dem Testen des Zylinders mit hydraulischem Druck keine oder nur geringe Restölreste bei der Auslieferung an unsere Kunden verbleiben. Bei diesen Zylindern war dies jedoch nicht möglich. Selbst bei 10 bar Pressluft bewegten sie sich keinen Millimeter. Daher blieb uns keine andere Wahl als der Einsatz von hydraulischem Druck. Bei ca. 20 bar fuhren sie langsam aus, und das bei einem Stangendurchmesser von 120 mm. Da kommt schon ein bisschen Kraft zusammen und wir wussten, dass wir den Zylinder ganz ausfahren mussten. Kurz bevor die Stange buchstäblich aus dem Rohr schoss, musste einer das mit Öl gefüllte Zylinderrohr halten, um ein Umkippen zu verhindern, und ein anderer die Zylinderstange, um sie vor Beschädigung zu schützen. Es ging fast gut bis auf ein bisschen Öl, das aber in unseren Ölauffangwannen am Boden aufgefangen wurde.

Übrigens gehörten beide Zylinder zu einem Scherenhubtisch, der 10 Tonnen heben konnte. Dieser Tisch stand in einem Vorort von Saarbrücken und wurde wiederholt durch das Saarhochwasser überflutet. Die Firma hatte eine ungewöhnliche Methode, um die Funktionsfähigkeit des Hubtisches nach einer umfassenden Reparatur zu testen. Normalerweise dient ein Hubtisch als Verbindung zwischen einem LKW und dem Verladeraum in einem Logistikzentrum, wenn keine Verladebrücken vorhanden sind. In diesem Fall wurde der Hubtisch jedoch anders genutzt. Ein LKW fuhr rückwärts mit seinem Sattel auf den Hubtisch, hob den Sattel auf das Niveau des Verladeraums und lud den LKW. Die Drossel, die den Hubtisch absenkte, war nur leicht geschlossen, und der LKW sank mit seiner Fracht an Bord nach unten. Ich dachte, dieses Manöver zerlegt den Hubtisch! Obwohl der Lkw schnell und wippend von rechts nach links mit dem Hubtisch einfuhr, ging es doch gut aus. Ich habe denen anschließend versucht zu erklären, dass der Hubtisch für solche Manöver nicht zugelassen war. Allerdings interessierte das bei dieser Firma niemanden.

Ich stieß, in meiner beruflichen Laufbahn, auf einen äußerst ungewöhnlichen Defekt in zwei doppeltwirkenden Hydraulikzylindern, die aus einer Kartonagenpresse stammten. Diese Zylinder erzeugten keine Zugkraft mehr auf der Stangenseite. Die Servicemitarbeiter tauschten, das Dichtungssystem in beiden Zylindern aus, jedoch ohne Erfolg. Anschließend wurden verschiedene hydraulische Steuerelemente ausgetauscht, wiederum ohne Erfolg. Die Pumpe wurde überprüft, jedoch konnte auch hier kein Defekt festgestellt werden.

Daraufhin entschied ich mich, die Hydraulikzylinder erneut auszubauen. Da ich feststellte, dass die Druckwerte in den Arbeitsleitungen A und B der Presse vor den Zylindern korrekt waren, beschloss ich, die Zylinder vollständig zu demontieren und das Zylinderrohr innen mit Hilfe von Messgeräten auf Maßgenauigkeit zu überprüfen. Doch auch hier zeigte sich, dass alles im "grünen Bereich" war. Also wurden die Zylinder erneut mit einem neuen Dichtungssystem versehen und an der Stangenseite an einen Prüfstand angeschlossen. An der Stangenseite wurden die Hydraulikzylinder mit unter Druck stehender Hydraulikflüssigkeit befüllt, und sie bewegten sich wie erwartet (sie fuhren ein).

An der Kolbenseite waren beide Zylinder ebenfalls am Prüfstand angeschlossen, wobei ein verstellbares Drosselventil verwendet wurde, um sie mit dem Prüfstandtank zu verbinden. Als ich begann, dieses Drosselventil zu schließen, blieben die Zylinder stehen. Als ich es vollständig schloss, fuhren beide Zylinder langsam aus. Es wurde offensichtlich, dass das unter Druck stehende Medium irgendwie von der Stangenseite auf die Kolbenseite gelangt sein musste. Aufgrund der Tatsache, dass die Kolbenfläche größer ist als die verbleibende Stangenringfläche auf der Zylinderstangenseite, fuhren die Zylinder aus. Es stellte sich heraus, dass die Kolben an der Zylinderstangenseite angeschweißt waren und im Laufe der Zeit hatte sich in beiden Zylindern ein Haarriss in der Schweißnaht gebildet, der das unter Druck stehende Medium von der Stangenseite auf die Kolbenseite gelassen hatte. Dies führte zu dem Schadensbild. Ich habe die Schweißnaht abgeschliffen und erneut elektrisch verschweißt. Danach waren diese Zylinder wieder für mehrere Jahre einsatzbereit.

Nachdem wir diesen kurzen Abstecher in die Zylinderreparatur gemacht haben, widmen wir uns nun wieder unserem Hydraulikaggregat. Als nächsten Schritt erstellen wir einen kleinen Hydraulikplan (s. Seite 33).

Übrigens empfiehlt es sich, bei größeren und umfangreicheren Hydroanlagen aufgrund der besseren Übersicht überlagernde Abläufe in einem Weg-Zeit-Diagramm darzustellen. Bei unserer kleinen Hydroanlage können wir darauf verzichten; auch der Signalfluss wird intern von den hausinternen Mechatronikern festgelegt. Wir konzentrieren uns hier lediglich auf den Leistungsfluss, angefangen vom Fluss des unter Druck stehenden Mediums bis hin zum Verbraucher (Hydrozylinder). Eine Wirtschaftlichkeitsberechnung können wir für unsere kleine Hydroanlage außen vor lassen.

 Pumpensteuerung im offenen Kreislauf, Saugbetrieb

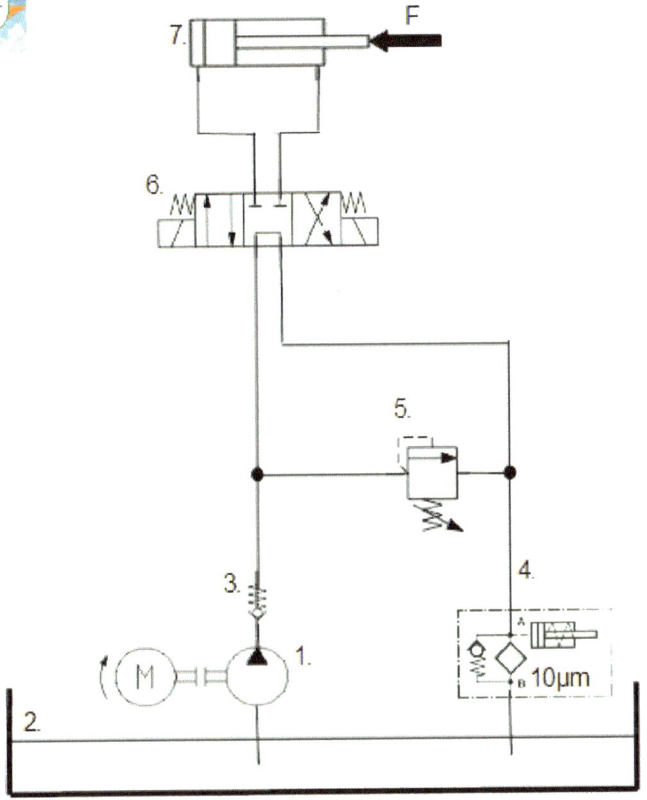

1. Motor-Pumpen-Gruppe
2. Flüssigkeitsbehälter
3. Rückschlagventil, eine Richtung durchströmbar, Ruhestellung gesperrt.
4. Filter 10 µm, mit Bypass und optischer Verschmutzungsanzeige
5. Direktgesteuertes Druckbegrenzungsventil, Öffnungsdruck über Feder verstellbar.
6. 4/3 Wege Schieberventil, 4 Anschlüsse, 3 Schaltstellungen Elektrisch (Magnet) betätigt, Federzentrierung
7. Doppeltwirkender Hydraulikzylinder, einseitige Kolbenstange

Da wir auf Seite 27 die Förderleistung und den Überdruck der Pumpe berechnet haben, ist es nun an der Zeit, die erforderlichen Durchmesser für die Rohr- oder Schlauchleitungen zur Verbindung unseres Hydraulikaggregats festzulegen, unter Berücksichtigung der Strömungsgeschwindigkeit. Die Bestimmung der geeigneten Nennweiten kann mithilfe eines sogenannten Nomogramms erfolgen, das wir aus dem Internet herunterladen können. Um eine laminare Strömung anstelle einer turbulenten Strömung in unseren Hydraulikleitungen sicherzustellen, sollten bestimmte Strömungsgeschwindigkeiten nicht überschritten werden.

Für die Saugleitung gilt eine Geschwindigkeit von 1 m/s, für die Rücklaufleitung 2 m/s. Die Strömungsgeschwindigkeit in der Druckleitung hängt vom Arbeitsdruck ab, zum Beispiel bei 0-25 bar = 3 m/s und bei 210-315 bar = 6 m/s.

Manchmal ist es aber unvermeidlich, auch turbulente Strömungen in Kauf zu nehmen. In einer Gießerei konnte ich bei mehreren Losteilkernkästen mit einer undichten Hydraulik, 47 mögliche Leckagestellen eleminieren. Der Hersteller der Kernkästen hatte eine externe Firma beauftragt, die Hydraulikkomponenten einzubauen und zu verrohren. Diese Hydraulikfirma hielt sich strikt an gängige Lehrbücher. Sie verwendeten Schieberventile der Größe 6, und da die Zylinder in jeder Position fixiert sein mussten, wurden hydraulisch entsperrbare Rückschlagventile derselben Größe unter den Schieberventilen eingebaut.

Da bis zu 5 Hydraulikzylinder verbaut wurden und auf der Losteilkernkastenhälfte nur begrenzt Platz zur Verfügung stand, wurden die Zylinder direkt an die Rohrleitungen (hart verrohrt) angeschlossen. Wie bereits auf Seite 21 erläutert, ist es ratsam, Verbindungen immer mit geeigneten Elastomeren, dem verwendeten Medium entsprechend, auszustatten. Außerdem ist es wichtig, die Übergänge zu den Zylindern nicht "hart zu verrohren", sondern das System durch den Einsatz von Schlauchleitungen zu entkoppeln, insbesondere da die Losteilkernkästen im Dreischichtbetrieb mit hoher Geschwindigkeit und starken Vibrationen betrieben wurden.

Daher habe ich alle Rohrleitungen und Ventile demontiert und den verfügbaren Platz vermessen. Dieser war gerade ausreichend, um eine Reihenplatte zur Aufnahme von Sitzventilen (die leckagefrei schließen), eines renommierten Hydraulikkomponentenherstellers aus Süddeutschland, herstellen zu lassen. Von dieser Reihenplatte aus wurden die Zylinder mithilfe von Schlauchleitungen an die Rohrleitungen angeschlossen, und die Übergänge zu den Zylindern wurden erneut mit Schlauchleitungen realisiert. Da alle Verbindungen mit elastomeren Dichtungen ausgestattet waren, blieb die Hydraulik trotz der harten Belastung in der rauen Umgebung trocken.

Der einzige Nachteil war, dass die eingebauten Sitzventile für eine geringere Durchflussmenge ausgelegt waren, was zu einer erhöhten Strömungsgeschwindigkeit und einer Schaltzeitverzögerung von einer halben Sekunde führte. Dies konnte im Vorfeld mithilfe der vor Ort arbeitenden IT-Abteilung umgangen werden. Die hydraulischen Verluste welche durch den erhöhten Strömungswiderstand verursacht wurden, konnte bei dieser Hydraulik vernachlässigt werden.

Insgesamt lässt sich sagen, dass es in einigen Fällen notwendig ist, eine erhöhte Strömungsgeschwindigkeit und Turbulenzen in Kauf zu nehmen, wenn undichte Hydrauliksysteme beseitigt werden sollen. Ein mir bekannter und ebenfalls erfahrener Hydrauliker sagte einmal, dass in der Mobilhydraulik schon immer mit Strömungsgeschwindigkeiten gearbeitet wird, die in die Turbulenz übergehen.

Jetzt aber weiter mit unserem Hydro-Aggregat! Da es auf dem Markt eine Vielzahl verschiedener Hydraulikpumpen gibt, ist es wichtig, für unser Projekt die passende Pumpe auszuwählen. Die Auswahl beruht auf verschiedenen Faktoren unter anderem welches Betriebsmedium wird verwendet, dem Druckbereich, der Drehzahlbereich, das maximale Geräschniveau et cetara. Da wir eine kleine einfache Hydraulikanlage aufbauen, haben wir uns für die am weitesten verbreitete Pumpe entschieden, nämlich eine Außenzahnradpumpe.

Anbei ein Foto einer aufgeschnittenen Außenzahnradpumpe (siehe Seite 37).

Diese wird in großen Stückzahlen hergestellt, wodurch die Kosten im Vergleich zu anderen Pumpentypen überschaubar sind. Sie verfügt über einen relativ hohen Druckbereich und Drehzahlbereich sowie einen großen Temp-/ Viskositätsbereich et cetara. Allerdings lässt sich bei einer solch einfachen Hydraulikanlage viel Arbeit und Kosten sparen, indem man bei renommierten Herstellern von Hydraulikkomponenten nach einer kompletten Motor-Pumpengruppe einschließlich Tank und dem erforderlichen Zubehör sucht.

In der Regel ist dies kostengünstiger als der Einzelkauf aller Teile, da diese Produkte in großer Serie von

Herstellern von Hydraulikkomponenten produziert werden.

Dabei ist es besonders wichtig, direkt eine zugelassene Ölauffangwanne zu erwerben, die zum Tank passt. Denn nur in einer zugelassenen Ölauffangwanne darf später das Hydraulikaggregat betrieben werden.

Es ist äußerst wichtig, auf die folgenden Aspekte besonders zu achten:

Sollte die Motor-Pumpengruppe auf dem Deckel des Tanks horizontal installiert werden, ist eine sorgfältige Ausführung des Sauganschlusses von entscheidender Bedeutung. Dieser Anschluss sollte über eine Schottverschraubung realisiert werden, vorzugsweise durch Einschweißen. Die Verbindung zwischen Pumpe und Schottverschraubung erfolgt unter anderem mittels passender Schlauchleitung.

Unterhalb des Tankdeckels sollte eine passende Rohrleitung installiert werden, um eine effiziente Absaugung der Pumpe zu gewährleisten.

Es ist unbedingt zu vermeiden, eine starre Rohrleitung zu verwenden, die direkt von der Pumpe ausgeht und über eine Gummimanschette in den Tank führt.

Meine langjährige berufliche Erfahrung hat mir gezeigt, dass solche Manschetten im Laufe der Zeit aushärten und Risse entwickeln können. Dies hat zur Folge, dass Umgebungsschmutz in den Tank gelangt, der sich anschließend im Hydrauliksystem absetzt. In der Konsequenz ist es nur eine Frage der Zeit, bis die Anlage ausfällt. Daher sollte bei der Installation besondere Sorgfalt walten und auf bewährte, sichere Verbindungsmethoden zurückgegriffen werden, um eine optimale Funktionsfähigkeit und Langlebigkeit des Hydrauliksystems zu gewährleisten.

Es ist unerlässlich, auch darauf zu achten, dass zwischen dem Elektromotor und der Außenzahnradpumpe eine Kupplung montiert ist, wie beispielsweise eine Bogenzahnkupplung. Aus Kostengründen sind die meisten Hersteller von Hydraulikkomponenten dazu übergegangen, bei kleinen Kompakthydraulikaggregaten auf diese Kupplung zu verzichten. Das bedeutet, entweder die Pumpe oder der Elektromotor verfügen über eine eingefräste Nut, und das entsprechende Gegenstück hat einen Zapfen.

Im Laufe meiner beruflichen Laufbahn habe ich bereits viele Fälle von "abgescherten Zapfen" erlebt.

Beim Einsatz einer Kupplung geht in der Regel fast immer nur das Kunststoffteil der Kupplung kaputt, was kostengünstig ersetzt werden kann. Im Gegensatz dazu, wenn sich der Zapfen an einer Außenzahnradpumpe abschert, ist immer eine neue Pumpe erforderlich. Dies ist erheblich teurer und kann längere Ausfallzeiten bedeuten. Daher ist die Verwendung einer Kupplung nicht nur kosteneffizienter, sondern schützt auch die teureren Hauptkomponenten und gewährleistet eine höhere Betriebssicherheit in eurem Hydrauliksystem.

Anbei ein Foto von einer Außenzahnradpumpe mit einer montierten Kupplungsnabe, rechts daneben steht, die Kupplungsklaue.

Ein weiteres Foto zeigt einen Schnitt durch eine Bogenzahnkupplung.

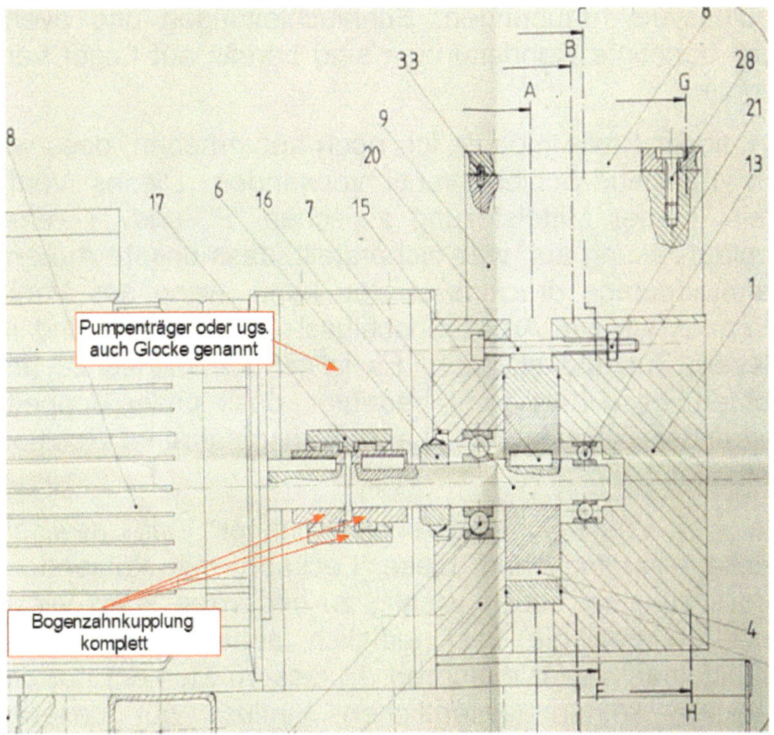

Wir gehen davon aus, dass wir das Basishydraulikaggregat, bestehend aus einer Motorpumpengruppe, die auf einem Tank mit Anschlussflansch montiert ist und sich in einer Ölauffangwanne befindet, gemäß unserem Hydraulikschaltplan mit den berechneten Daten und zusätzlicher Reserveenergie bei einem Hersteller für Hydraulikkomponenten bestellt haben. Die übrigen Komponenten, wie das Druckbegrenzungsventil, das Rückschlagventil, der Rücklauffilter und das 4/3-

Wege-Schieberventil, beziehen wir separat von einem anderen Hersteller für Hydraulikkomponenten. Anschlussverschraubungen, Schlauchleitungen und eventuell benötigte Rohrleitungen sind bereits auf Lager verfügbar.

An dieser Stelle möchte ich noch hervorheben, dass wir ein 4/3-Wege-Schieberventil verwenden. Dieses Ventil weist in der Mittelstellung zwischen "P" und "T" eine Umlaufstellung auf, was sicherstellt, dass unsere Außenzahnradpumpe drucklos starten kann, wenn das Ventil stromlos ist. Die Arbeitsanschlüsse "A" und "B" sind in diesem Zustand blockiert. Es ist jedoch wichtig zu beachten, dass dies nicht bedeutet, dass unser doppeltwirkender Zylinder unter Last in ausgefahrener Position verbleibt.

Da bei Wege-Schieberventilen immer eine gewisse Leckage auftritt, und diese Leckage mit steigendem Druck zunimmt, ist es wichtig zu bedenken, dass wir in unserem Fall die Last lediglich anheben und dann unmittelbar wieder einfahren. In diesem Moment hat die Leckage keinen wesentlichen Einfluss auf unseren Betrieb. Dennoch werden wir im Verlauf dieses Buches noch auf das Thema Lasthalteschaltungen eingehen.

Da wir das Hydraulikaggregat für den eigenen Betrieb herstellen und in den Verkehr bringen möchten, sollten wir uns an die folgenden Vorschriften und Empfehlungen halten. Beachten wir dabei dabei, dass die genauen Anforderungen je nach Region und Anwendungsbereich variieren können:

1. **Sicherheitsstandards und Normen:** Wir Gewährleisten, dass unser Hydraulikaggregat den

aktuellen Sicherheitsstandards und Normen entspricht, die für Hydrauliksysteme und -komponenten in unserer Region gelten. Hierbei können sowohl nationale als auch internationale Standards wie ISO 4413 oder ISO 4414 relevant sein. Zudem ist es ratsam, im Internet die von der DGUV veröffentlichte Prüfliste für Hydraulikausrüstung einzusehen, um festzustellen, welche spezifischen Anforderungen für unser Produkt gelten.

2. **Konformität mit CE-Markierung:** Da wir in der Europäischen Union tätig sind müssen wir sicherstellen, dass unser Produkt die CE-Markierung trägt. Dies erfordert die Konformität mit den relevanten EU-Richtlinien und Normen, wie beispielsweise der Maschinenrichtlinie (2006/42/EG).

3. **Qualitätskontrolle und -management:** Implementieren wir Qualitätskontrollen und -prozesse, um sicherzustellen, dass unser Hydraulikaggregat den festgelegten Standards entspricht. Ein Qualitätsmanagementsystem nach ISO 9001 kann hilfreich sein.

4. **Kennzeichnung und Dokumentation:** Unser Produkt sollte ordnungsgemäß gekennzeichnet sein und klare technische Dokumentation enthalten. Die Kennzeichnung sollte wichtige Informationen wie Herstellerangaben, technische Daten und Sicherheitswarnungen enthalten.

5. **Betriebsanleitung und Schulung:** Wir erstellen eine umfassende Betriebsanleitung bestehend unter anderem aus dem Hydraulikschaltplan, der

Stückliste, der Funktionsbeschreibung et cetera, für unser Hydraulikaggregat und bieten natürlich auch Schulungen für die sichere Verwendung und Wartung an.

6. **Rückverfolgbarkeit und Aufzeichnungen:** Wir führen Aufzeichnungen über die Herstellung und Prüfung unseres Hydraulikaggregats durch. Dies ermöglicht die Rückverfolgbarkeit im Falle von Problemen.

7. **Sicherheitsprüfungen und Tests:** Wir führen regelmäßige Sicherheitsprüfungen und Tests an unserem Hydraulikaggregat durch, um sicherzustellen, dass unser Aggregat den Standards und Spezifikationen entspricht.

Die genauen Anforderungen und Vorschriften können von Land zu Land und je nach Anwendungsbereich variieren. Es ist ratsam, sich an Fachleute oder Experten zu wenden, um sicherzustellen, dass wir alle relevanten Vorschriften einhalten und unser Hydraulikaggregat sicher und legal in den Verkehr bringen können.

Nachdem wir unser Hydraulikaggregat gemäß sämtlichen geltenden Richtlinien und Vorschriften aufgebaut haben, können wir es vor Ort in Betrieb nehmen. Es ist von entscheidender Bedeutung, sicherzustellen, dass unsere Konstruktion zur Zylinderaufnahme ebenfalls allen gängigen Richtlinien und Vorschriften entspricht. Wir sollten vermeiden, am Ende ein vollständig normgerechtes Hydraulikaggregat zu haben, aber die Konstruktion nicht nutzen zu können, da sie den vorgeschriebenen Standards nicht genügt. Die Entwicklung eines einfachen kleinen Hydraulikaggregats erfordert eine sorgfältige Berücksichtigung der in Kapitel 7 beschriebenen Parameter. Dieses Rüstzeug bietet eine solide Grundlage für die Konzeption und Umsetzung eines funktionierenden Systems.

Die Berücksichtigung der Parameter ist von entscheidender Bedeutung. Dazu gehören unter anderem die Auswahl der richtigen Hydraulikkomponenten wie Pumpen, Ventile, Zylinder, Rohrleitungen und Schlauchleitungen, die passend zu den Anforderungen der geplanten Anwendung gewählt werden müssen. Der Arbeitsdruck, die Förderleistung, der Kolbenhub und der Durchmesser der Zylinder sind Beispiele für Parameter, die sorgfältig analysiert und angepasst werden müssen. Insgesamt bietet die umfassende Berücksichtigung dieser Parameter, die Gewissheit, dass das entwickelte Hydraulikaggregat den Anforderungen entspricht und zuverlässig funktioniert. Dieses Rüstzeug ermöglicht es , maßgeschneiderte Hydrauliksysteme zu entwerfen, die in verschiedenen Anwendungsbereichen erfolgreich eingesetzt werden können. Die Kenntnis und Anwendung dieser Parameter sind entscheidend für die Entwicklung innovativer Lösungen in der Hydrauliktechnik.

Kapitel 8

Einfache Schaltungen

Steuerung doppeltwirkender Hydraulikzylinder

Ruhelage der
Kolbenstange:

**Fixiert in jeder
beliebigen Stellung**

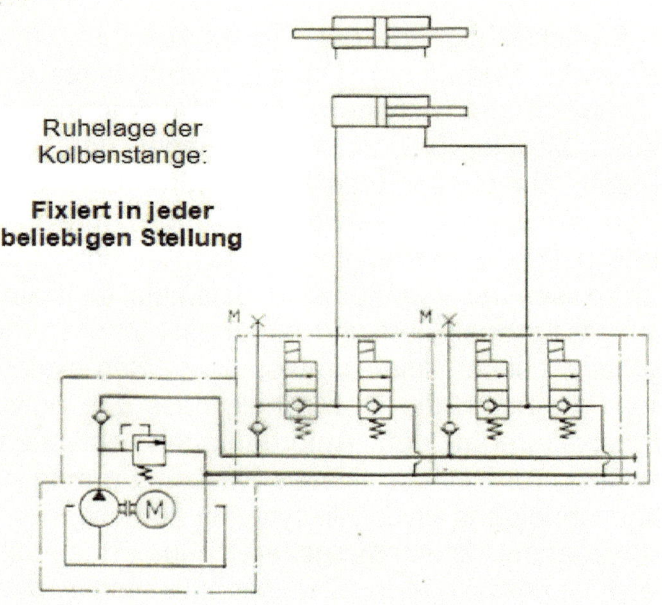

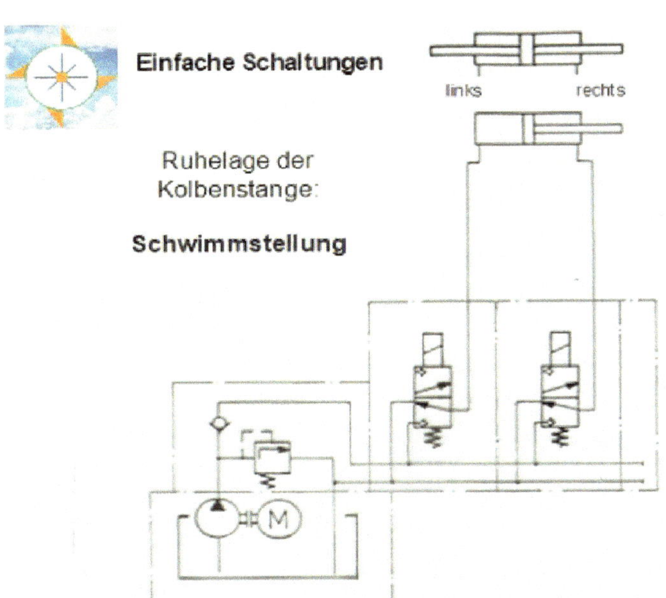

Einfache Schaltungen

Ruhelage der Kolbenstange:

Schwimmstellung

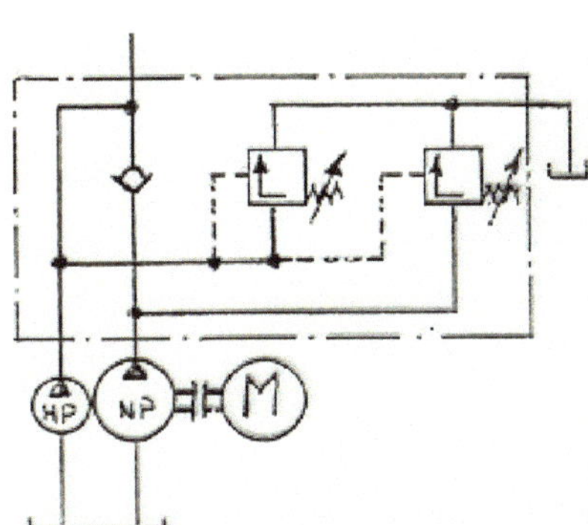

Zweistufensteuerung

Dient zur Steuerung einer Pumpen-kombination für Hoch-und Nieder-druck. Bei geringem Druck fördern beide Pumpen in das System. Ein Verbraucher fährt mit großer Ge-schwindigkeit. Steigt der Druck im System an, öffnet zunächst das am niedrigsten eingestellte DB der Niederdruckpumpe NP. Das Steuer-öl hierzu kommt aus dem System über die Leitung der Hochdruck-pumpe HP. Das Rückschlagventil schließt und die NP fördert druckarm in den Tank zurück. Ein Verbraucher fährt mit geringer Geschwindigkeit mit mehr Kraft. Der max. Arbeitsdruck wird am DB der HP eingestellt.

Serienschaltung

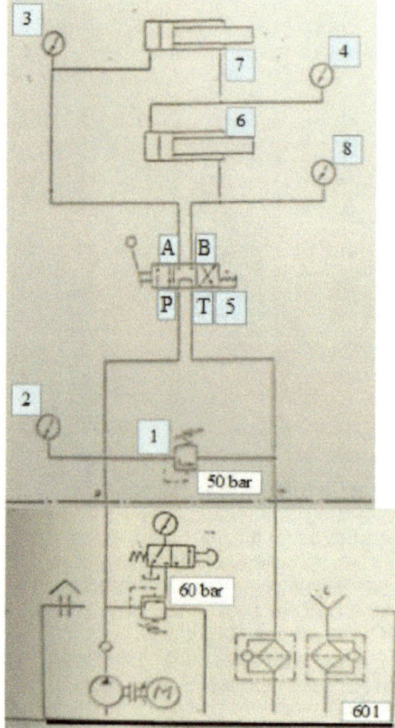

**Serienschaltung von zwei
doppeltwirkenden Zylindern**

<u>Funktion:</u>

In Mittelstellung des 4/3-Wege-Ventils
Pos. 5 fördert die Pumpe im nahezu
drucklosen Umlauf in den Tank zurück.
Der sich hierbei einstellende
Staudruck wird am Manometer Pos. 2
abgelesen.

Parallele Schaltstellung des 4/3-Wege-
Ventils:

Die Kolbenstange des oberen Hydro-
Zylinders Pos. 7 fährt aus, wenn der
Einstelldruck des DB´s Pos. 1 höher
eingestellt ist, als der zum Fahren der
Zylinder benötigte Betriebsdruck.

Das von der Kolbenstangenseite des
Zylinders Pos. 7 verdrängte Öl gelangt
in die Kolbenseite des zweiten,
unteren Zylinders Pos. 6 und zwingt
die Kolbenstange zum Ausfahren. Der
Kolbenstangenraum von Pos. 6 ist
über den Anschluß B und T des 4/3-
Wege-Ventils Pos. 5 mit dem Tank
verbunden, so dass das verdrängte Öl
entweichen kann.

Die sich auf beiden Kolbenstangenseiten der Zylinder einstellenden Drücke
werden von den Manometern Pos. 4 und 8 angezeigt.

Der zum Ausfahren der beiden Kolbenstangen benötigte Gesamtdruck wird am
Manometer Pos. 3 abgelesen.

Bei gleichen Zylinderabmessungen fährt die Kolbenstange des Zylinders Pos. 6
eine geringere Hublänge.

Parallelschaltung

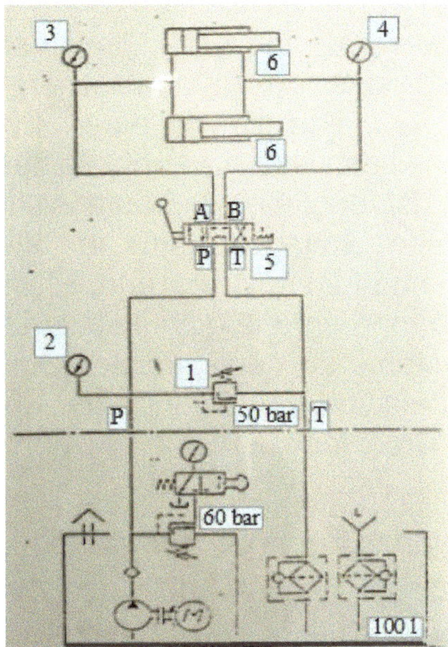

Parallelschaltung von zwei doppeltwirkenden Zylindern

<u>Funktion:</u>
Das von der Pumpe kommende Öl wird in der Mittelstellung des 4/3-Wege-
Ventils Pos. 5 nahezu drucklos (nur Staudruck) in den Tank zurückgeführt. Der
sich hierbei einstellende Staudruck kann am Manometer Pos. 2 abgelesen
werden.
Beide Zylinder Pos. 6 fahren gleichzeitig aus, wenn das 4/3-Wege-Ventil in seine
linke, parallele Schaltstellung gesteuert wird und der Einstelldruck des DB´s Pos.
1 über dem benötigten Betriebsdruck liegt. Drucköl fließt nun vom Anschluß P zu
Anschluss A des Ventils und von dort zur Kolbenseite beider Zylinder Pos. 6. Das
von der Kolbenstangenseite verdrängte Öl fließt über Anschluß B des 4/3-Wege-
Ventils zu T und von dort zum Tank zurück.
Nach Umschalten des 4/3-Wege-Ventils in seine gekreuzte Schaltstellung fahren
beide Zylinder wieder ein.
Die jeweiligen Ein - und Ausfahrdrücke können an den Manometern Pos. 3 und 4
abgelesen werden.

Kapitel 9

Das Druckreduzierventil

Ein Druckreduzierventil in der Ölhydraulik ist ein spezielles Ventil, das in hydraulischen Systemen verwendet wird, um den Druck eines hydraulischen Fluids auf einen bestimmten, kontrollierten Wert zu begrenzen. Dies ist entscheidend, um sicherzustellen, dass verschiedene Komponenten in hydraulischen Systemen vor übermäßigem Druck und Beschädigungen geschützt werden, und um die gewünschte Leistung und Stabilität des Systems zu gewährleisten. Im Folgenden werde ich die Funktionsweise und die Komponenten eines typischen Druckreduzierventils in der Ölhydraulik erläutern.

Komponenten eines Druckreduzierventils in der Ölhydraulik:

1. **Eingangsanschluss:** Das Ventil ist mit einem Eingangsanschluss verbunden, über den das hydraulische Öl mit hohem Druck in das Ventil gelangt.

2. **Gehäuse:** Das Gehäuse des Ventils ist so konstruiert, dass es den Druck aushalten kann und die internen Komponenten stabil hält.

3. **Feder:** Im Inneren des Ventils gibt es eine Feder, die gegen den Druck des einströmenden hydraulischen Öls drückt. Die Feder dient dazu, den Druck zu reduzieren und zu stabilisieren.

4. **Membran oder Kolben:** Über der Feder befindet

sich eine Membran oder ein Kolben, der sich unter dem Druck des einströmenden Öls bewegt. Dieser bewegliche Teil ist mit der Feder verbunden und überträgt die Druckkraft auf die Feder.

5. **Verstellbare Schraube:** Am oberen Teil des Ventils gibt es oft eine verstellbare Schraube, die als Druckeinstellung dient. Durch Drehen dieser Schraube kann der gewünschte Ausgangsdruck eingestellt werden.

6. **Ausgangsanschluss:** Der Ausgangsanschluss ist mit dem reduzierten Druck verbunden und leitet das hydraulische Öl aus dem Ventil in das hydraulische System.

7. **Druckanzeige:** Einige Druckreduzierventile verfügen über eine Druckanzeige, die den aktuellen Ausgangsdruck anzeigt, damit Benutzer den Druck leicht überwachen können.

Funktionsweise eines Druckreduzierventils in der Ölhydraulik:

1. **Einströmung des Hochdrucköls:** Das hydraulische Öl mit hohem Druck gelangt über den Eingangsanschluss in das Ventil.

2. **Druckkraft auf die Membran oder den Kolben:** Das einströmende Öl drückt auf die Membran oder den Kolben im Ventil, und die Bewegung dieser Komponente führt dazu, dass die Feder zusammengedrückt wird.

3. **Einstellung des Ausgangsdrucks:** Die verstell-

bare Schraube oben auf dem Ventil ermöglicht es dem Bediener, den gewünschten Ausgangsdruck festzulegen. Durch Drehen der Schraube wird der Gleichgewichtspunkt zwischen der Druckkraft des Fluids und der Federkraft verändert.

4. **Druckreduzierung:** Das Ventil reguliert den Druck, indem es die Öffnung zwischen dem Eingangs- und dem Ausgangsanschluss anpasst. Wenn der Druck den eingestellten Wert erreicht, hält die Membran oder der Kolben die Öffnung in der gewünschten Position, um den Druck auf diesem Niveau zu halten.

5. **Stabilisierung des Ausgangsdrucks:** Das Druckreduzierventil sorgt dafür, dass der Ausgangsdruck trotz Schwankungen im Eingangsdruck konstant bleibt. Dies ist besonders wichtig in Anwendungen, in denen präziser Druck erforderlich ist, um bestimmte Funktionen oder Prozesse zu steuern.

In der Ölhydraulik werden Druckreduzierventile in verschiedenen Anwendungen eingesetzt, wie beispielsweise in hydraulischen Pressen, Steuerungen für Werkzeugmaschinen, Hubvorrichtungen und anderen Systemen, bei denen eine präzise Steuerung des hydraulischen Drucks von großer Bedeutung ist. Diese Ventile spielen eine entscheidende Rolle bei der Sicherstellung der Leistung und Zuverlässigkeit hydraulischer Systeme.

Aus meiner beruflichen Erfahrung heraus habe ich gelernt, dass Druckreduzierventile in der Ölhydraulik nicht zwangsläufig in das Hydrauliksystem direkt integriert sein müssen. Ein Beispiel hierfür bot sich bei einem Kunden, der eine Hydraulikpresse besaß und mit einem Druckproblem konfrontiert war. Leider fehlte ein vollständiger Hydraulikplan.

Da es nicht möglich war, den Pumpendruck direkt abzugreifen, entschied ich mich, den Hydrauliktank zu öffnen und dort mithilfe eines Adapters mein Handmessgerät an die Pumpe anzuschließen. Um dies zu ermöglichen, musste ich zuvor etwas Hydrauliköl ablassen. Dabei bemerkte ich glänzende Späne auf dem Tankboden. Der Anlagenbetreiber versicherte mir, dass er das Hydrauliköl vor Kurzem gewechselt hatte. Ich musste ihm jedoch darauf hinweisen, dass bei einem Ölwechsel auch das Tankinnere vollständig gereinigt werden muss. Andernfalls können sich die im System vorhandenen Verunreinigungen mit dem neuen Öl vermischen und das gesamte System weiterhin kontaminieren. Dies könnte erhebliche Schäden und hohe Kosten verursachen.

Nun zurück zum eigentlichen Problem mit dem Druckreduzierventil: Nachdem ich die Pumpe überprüft hatte, stellte ich fest, dass sie sowohl in Bezug auf den Druck als auch die Durchflussrate in Ordnung war. Also schloss ich das System wieder an, doch der Druck blieb zu niedrig. Ich begann, alle Druckleitungen zu überprüfen und fand heraus, dass sich etwa fünf Meter vom Hydraulikaggregat entfernt ein direkt gesteuertes Druckreduzierventil auf einer Rohrleitungsanschlussplatte befand, die in das System integriert war. Die Späne hatten den Steuerkolben des Ventils so stark abgenutzt, dass das Druckreduzierventil das unter Druck stehende Fluid in den Tank abließ.

Die Vernachlässigung der Tankreinigung führte zu erheblichen Zusatzkosten, sowohl in Bezug auf benötigtes Material als auch den erforderlichen Arbeitsaufwand. Doch noch schwerwiegender war die Tatsache, dass die Produktionspresse für mehrere Tage außer Betrieb genommen werden musste. Diese Störung des Betriebsablaufs hatte erhebliche Auswirkungen auf die gesamte Produktion und führte zu nicht unerheblichen finanziellen Verlusten.

Das bedeutet, dass die mangelnde Reinigung des Tanks nicht nur finanzielle Ressourcen in Form von Material und Arbeitskosten verschlang, sondern auch zu erheblichen Produktionsausfällen führte. Dieser unvorhergesehene Stillstand der Anlage resultierte allein daraus, dass die innere Reinigung des Tanks versäumt wurde. Die Beseitigung der Verunreinigungen im System erforderte zusätzliche Maßnahmen, einschließlich einer gründlichen Spülung des weit verzweigten Rohrleitungssystems. Dieser Prozess war zeit- und ressourcenintensiv, da jede Leitung sorgfältig gereinigt und auf etwaige Verunreinigungen hin überprüft werden musste, um sicherzustellen, dass das Hydrauliksystem wieder einwandfrei und zuverlässig funktionierte.

Kapitel 10

Gleichlauf-Schaltungen

Der Gleichlauf in der Ölhydraulik spielt eine entscheidende Rolle in vielen industriellen Anwendungen, bei denen mehrere Zylinder synchron arbeiten müssen. Um diesen Gleichlauf zu gewährleisten, werden verschiedene Techniken und Komponenten eingesetzt. In diesem Zusammenhang werden häufig die Graetz Schaltung, Gleichgangzylinder, Stromteiler, Zahnradmengenteiler und Liniarhubmengenteiler verwendet.

Die Graetz-Schaltung hat ihren Ursprung in der Elektrotechnik, sie wird in der Ölhydraulik zur Steuerung von mehreren Zylindern eingesetzt. Sie ermöglicht die präzise Anpassung des Drucks und der Strömung in jedem Zylinder, um sicherzustellen, dass sie gleichzeitig und synchron arbeiten. Diese Schaltung gewährleistet eine gleichmäßige Belastung und verhindert unerwünschte Schwingungen und Vibrationen.

Die Verwendung von Gleichgangzylindern ist eine weitere Methode, um den Gleichlauf zu erreichen. Diese Zylinder sind so konstruiert, dass sie gleichzeitig und mit derselben Geschwindigkeit arbeiten. Dies gewährleistet eine präzise Positionierung und synchronisierte Bewegung in Anwendungen wie Pressen oder Maschinen, die präzise Bearbeitung erfordern.

Stromteiler sind eine weitere wichtige Komponente zur Synchronisation von Zylindern. Sie verteilen den Eingangsstrom auf mehrere Zylinder und passen ihn je nach Bedarf an. Dies ermöglicht eine gleichmäßige

Lastverteilung und stellt sicher, dass die Zylinder im Gleichlauf arbeiten.

Zahnradmengenteiler sind Mechanismen, die den Druck und die Strömung gleichmäßig auf mehrere Zylinder verteilen. Sie sind in Anwendungen mit vielen Zylindern nützlich und helfen, unerwünschte Druckspitzen oder ungleichmäßige Bewegung zu vermeiden.

Der Liniarhubmengenteiler ist eine Vorrichtung, die den Hub oder die Bewegung der Zylinder synchronisiert. Dies ist besonders wichtig in Anwendungen, in denen präzise Bewegung und Positionierung erforderlich sind. Der Liniarhubmengenteiler stellt sicher, dass alle Zylinder gleichzeitig und mit derselben Geschwindigkeit arbeiten.

Zusammengefasst ermöglichen die Graetz-Schaltung, Gleichgangzylinder, Stromteiler, Zahnradmengenteiler und Liniarhubmengenteiler eine präzise und zuverlässige Synchronisation mehrerer Zylinder in der Ölhydraulik. Dies ist von entscheidender Bedeutung für Anwendungen, bei denen Genauigkeit, Gleichmäßigkeit und Zuverlässigkeit erforderlich sind, sei es in der Metallverarbeitung, der Automatisierungstechnik, der Lebensmittelindustrie oder anderen Branchen. Die Kombination dieser Technologien und Komponenten ermöglicht die effiziente Steuerung und Nutzung von hydraulischen Systemen in einer Vielzahl von Anwendungen.

Nachfolgend ein paar Schaltungsbeispiele für Gleichlauf-Schaltungen

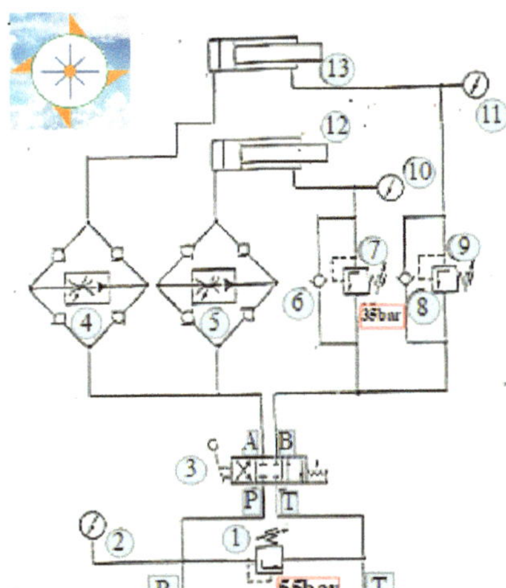

Graetz - Schaltung

Geschwindigkeitsregelung von zwei ein - und ausfahrenden Kolben- stangen.

Funktion:

Zur Inbetriebnahme der Hydraulikanlage wird zunächst das direkt gesteuerte Druckbegrenzungsventil (DB) **Pos. 1** ganz geöffnet, damit nach Einschalten der Anlage das von der Pumpe geförderte Drucköl in den Tank zurückfließen kann.

Durch langsames Eindrehen der Verstell- einrichtung des DB´s **Pos.1** wird nun unter Beobachtung des Manometers **Pos. 2** der geforderte Betriebsdruck von 55 bar eingestellt.

Die Stromregelventile der beiden Graetz- Schaltungen **Pos. 4 und 5** werden um eine unkontrollierte Zylinderbewegung von **Pos. 12 und 13**, beim späteren Zuschalten des 4/3 Wege-Ventils **Pos.3** zu vermeiden, geschlossen.

Die DB´s **Pos. 7 und 8** als Vorspannventile sind zunächst ebenfalls ganz geöffnet; ihre Einstellung auf 35 bar erfolgt bei Ausfahrt der Kolbenstangen der beiden Zylinder **Pos. 12 und 13**.

Durch Schaltung des 4/3 Wege-Ventils **Pos. 3** in seine parallele Stellung fließt Drucköl zu den beiden Graetz-Schaltungen gleichzeitig wird der Anschuß B des Ventils mit dem Tank verbunden.

Die Kolbenstangen der Zylinder **Pos.12 und 13** fahren aus, wenn die Stromregelventile **Pos. 4 und 5** langsam geöffnet werden. Zur Einstellung der Vorspannventile **Pos. 7 und 9** wählt man zweckmäßigerweise eine langsame Geschwindigkeitsstufe. Einstellung der Druckventile unter Ablesung der Manometer **Pos. 10 und 11**.

Zur Einfahrt der Kolbenstangen beider Zylinder **Pos.12 und 13** wird das 4/3-Wege-Ventil **Pos. 3** in die gekreuzte Schaltstellung gebracht. Das Drucköl der Pumpe gelangt nun über die Umgehungsrückschlagventile **Pos. 6 und 8** in die Kolbenstangenseiten der Zylinder.

Das von der Kolbenseite der Zylinder verdrängte Drucköl fließt nun, durch die besondere Anordnung der Rückschlagventile der Graetz-Schaltung vorgegeben, in der gleichen Regelrichtung durch die Stromregler, wie vorher das zufließende Drucköl bei der Ausfahrt der Kolbenstangen. Mit einem Stromregler können sowohl die Ein- als auch die Ausfahrge- schwindigkeiten der Kolbenstangen stufenlos verstellt werden.

GLEICHLAUF - SCHALTUNGEN

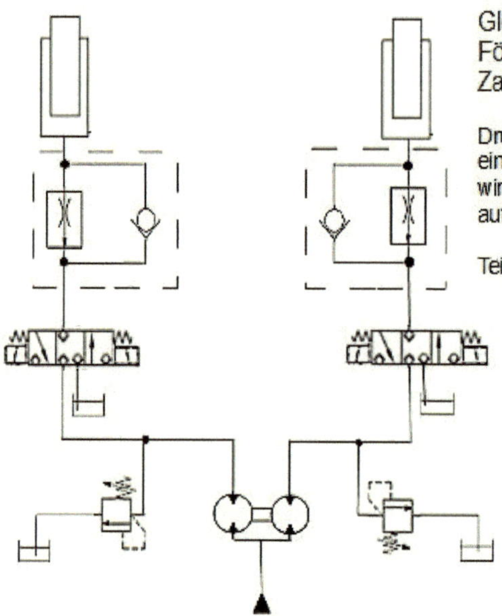

Gleichlauf mit zwei
Förderströmen i.d.R.
Zahnradmengenteiler

Druck und Geschwindigkeit des
eingeführten Volumenstroms
wird bei Zahnradmengenteiler
aufrecht erhalten.

Teilgenauigkeit i.d.R. ca. 3%

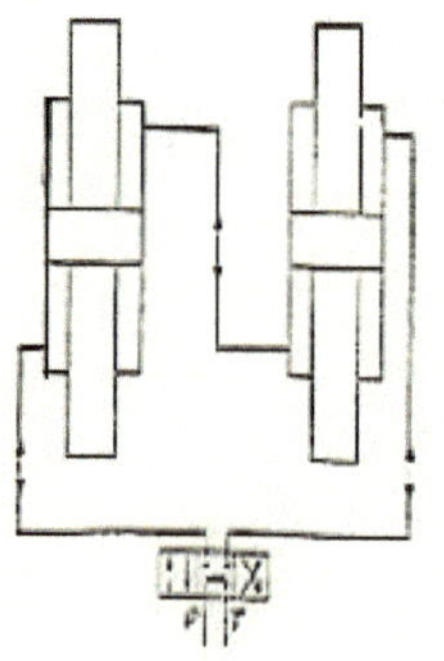

Gleichlauf mit Gleichgangzylinder:

Sehr gute Gleichlaufeigenschaften!

GLEICHLAUF -SCHALTUNGEN

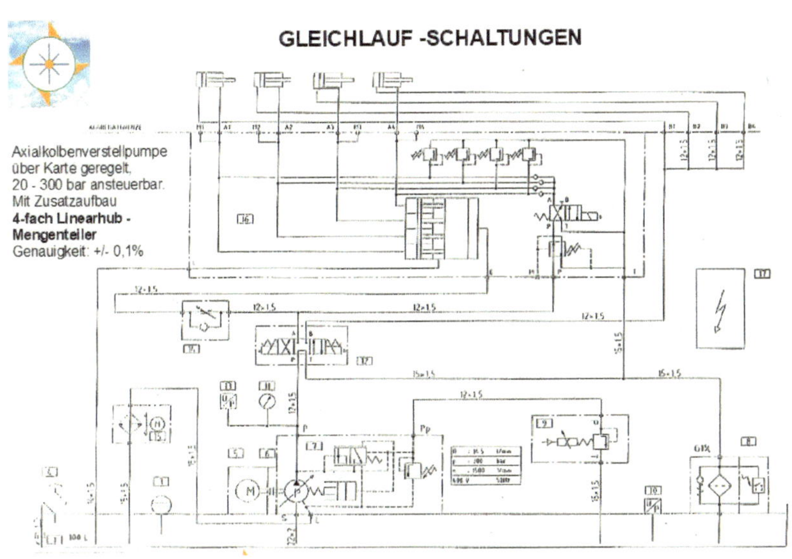

Axialkolbenverstellpumpe
über Karte geregelt,
20 - 300 bar ansteuerbar.
Mit Zusatzaufbau
**4-fach Linearhub -
Mengenteiler**
Genauigkeit: +/- 0,1%

Kapitel 11

Lasthalteschaltung

Lasthalteschaltungen sind eine wesentliche Komponente in der Ölhydraulik und dienen dazu, hydraulische Zylinder oder andere bewegliche Elemente in einer bestimmten Position zu halten, ohne dass ständiger Energieaufwand erforderlich ist. Diese Schaltungen ermöglichen es, Lasten zu tragen, zu heben oder zu bewegen und sie dann sicher und stabil zu fixieren, ohne dass eine dauerhafte Energieversorgung erforderlich ist.

Die Funktionsweise einer Lasthalteschaltung basiert in der Regel auf dem Einsatz von Druckventilen und Rückschlagventilen. Wenn der Zylinder in die gewünschte Position bewegt wird und die Last gehalten werden soll, sperrt die Schaltung den Ölfluss ab, und der Druck im System wird aufrechterhalten. Dies verhindert ein ungewolltes Zurückfahren des Zylinders oder ein Absenken der Last. Bei Bedarf kann die Position durch Ändern des Drucks im System präzise eingestellt werden.

Lasthalteschaltungen sind in vielen industriellen Anwendungen von entscheidender Bedeutung, insbesondere in Maschinen und Anlagen, die präzise Positionierung und das Halten von Lasten erfordern. Beispiele für solche Anwendungen sind Pressen, Aufzüge, hydraulische Hebezeuge, Werkzeugmaschinen und weitere.

Lasthalteschaltung

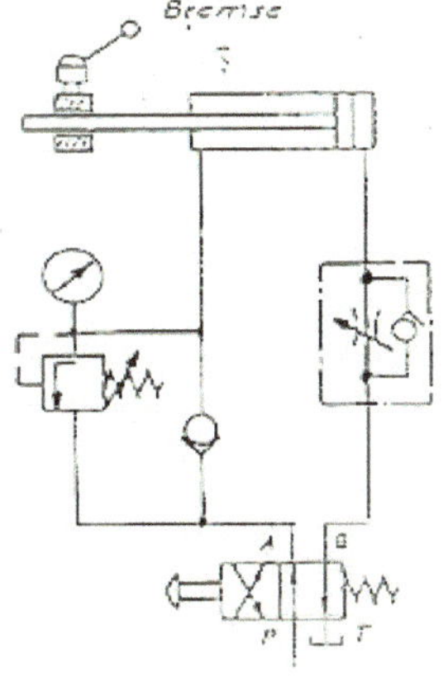

Gegenhalteventil:

Gefahr des Stick-Slip-Effektes (Haft-Gleit-Reibung = Ruck-Gleiten) durch Vorlaufdrosselung.

Durch Einbau eines Druckbegrenzungsventils wird dem vorfahrenden Kolben ein Druck entgegengesetzt. Die Kolbenstange kann nicht voreilen, da Hydraulisch eingespannt.

Druckabhängige Schaltung

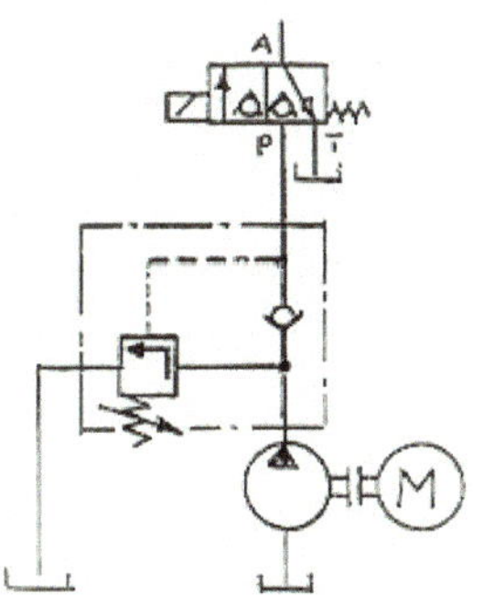

Druckabschaltventil

Leerlauf- bzw. Speicherschaltung: Öffnet automatisch zum Tank bei Erreichen des eingestellten Betriebdruckes. Sinkt der Betriebdruck um einen bestimmten Wert ab, z.Bsp. 10%, schließt das Ventil wieder.

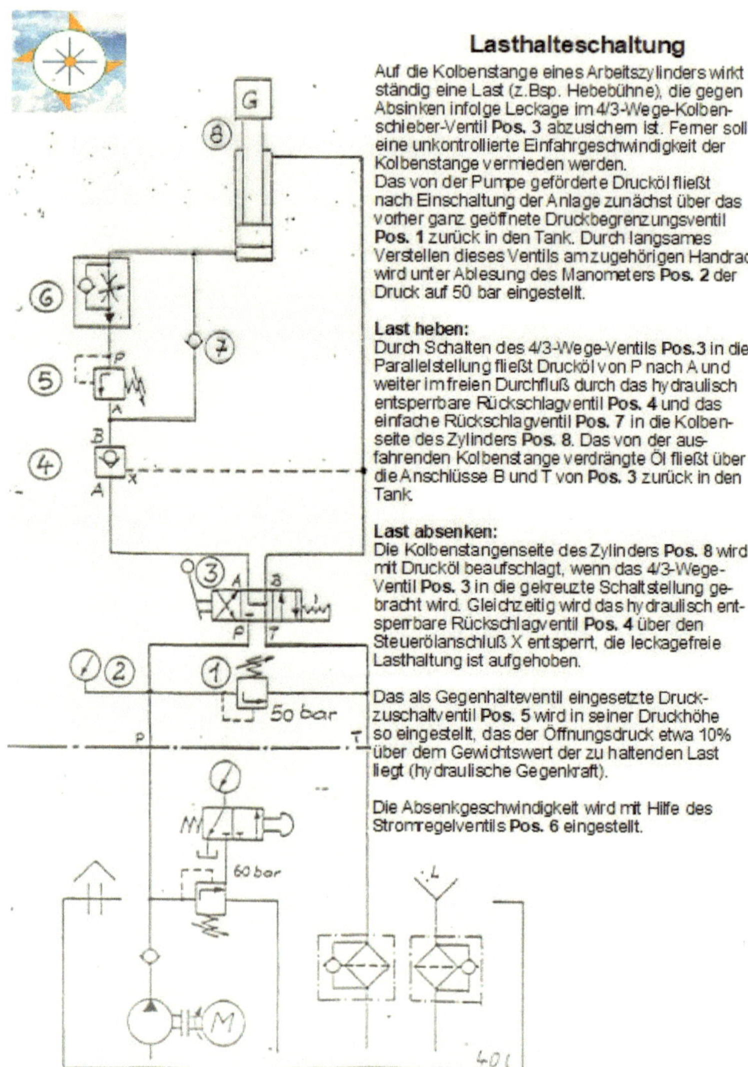

Lasthalteschaltung

Auf die Kolbenstange eines Arbeitszylinders wirkt ständig eine Last (z.Bsp. Hebebühne), die gegen Absinken infolge Leckage im 4/3-Wege-Kolbenschieber-Ventil **Pos. 3** abzusichern ist. Ferner soll eine unkontrollierte Einfahrgeschwindigkeit der Kolbenstange vermieden werden.

Das von der Pumpe geförderte Drucköl fließt nach Einschaltung der Anlage zunächst über das vorher ganz geöffnete Druckbegrenzungsventil **Pos. 1** zurück in den Tank. Durch langsames Verstellen dieses Ventils am zugehörigen Handrad wird unter Ablesung des Manometers **Pos. 2** der Druck auf 50 bar eingestellt.

Last heben:
Durch Schalten des 4/3-Wege-Ventils **Pos. 3** in die Parallelstellung fließt Drucköl von P nach A und weiter im freien Durchfluß durch das hydraulisch entsperrbare Rückschlagventil **Pos. 4** und das einfache Rückschlagventil **Pos. 7** in die Kolbenseite des Zylinders **Pos. 8**. Das von der ausfahrenden Kolbenstange verdrängte Öl fließt über die Anschlüsse B und T von **Pos. 3** zurück in den Tank.

Last absenken:
Die Kolbenstangenseite des Zylinders **Pos. 8** wird mit Drucköl beaufschlagt, wenn das 4/3-Wege-Ventil **Pos. 3** in die gekreuzte Schaltstellung gebracht wird. Gleichzeitig wird das hydraulisch entsperrbare Rückschlagventil **Pos. 4** über den Steuerölanschluß X entsperrt, die leckagefreie Lasthaltung ist aufgehoben.

Das als Gegenhalteventil eingesetzte Druckzuschaltventil **Pos. 5** wird in seiner Druckhöhe so eingestellt, das der Öffnungsdruck etwa 10% über dem Gewichtswert der zu haltenden Last liegt (hydraulische Gegenkraft).

Die Absenkgeschwindigkeit wird mit Hilfe des Stromregelventils **Pos. 6** eingestellt.

Kapitel 12

Hydraulik- Schlauchleitungen

Hydraulikschlauchleitungen spielen eine wesentliche Rolle in der Ölhydraulik und sind von großer Bedeutung für zahlreiche industrielle Anwendungen. Sie dienen dazu, Hydraulikflüssigkeiten in hydraulischen Systemen zu transportieren und Energie sowie Kraft effizient zu übertragen. Dabei ist die Einhaltung sicherheitstechnischer Vorschriften, wie der DGUV Regel 113-020, von entscheidender Bedeutung, um die Sicherheit von Mensch und Maschine zu gewährleisten.

Die DGUV Regel 113-020, die von der Deutschen Gesetzlichen Unfallversicherung (DGUV) entwickelt wurde, bietet umfassende Leitlinien und Empfehlungen zur sicheren Verwendung von Hydraulikschlauchleitungen. Sie betrifft verschiedene Aspekte, darunter die Auswahl, Installation, Instandhaltung und den Austausch von Hydraulikschläuchen. Im Folgenden werden einige wichtige Punkte in Bezug auf Hydraulikschlauchleitungen und die DGUV Regel 113-020 erläutert:

1. Auswahl und Material: Die Wahl des geeigneten Hydraulikschlauchs hängt von verschiedenen Faktoren ab, wie Betriebsdruck, Temperatur, Medium, Umgebung und Anforderungen an die Flexibilität. Die DGUV Regel 113-020 gibt klare Richtlinien für die Auswahl der richtigen Schläuche und Materialien.

2. Installation und Montage: Die korrekte Installation der Hydraulikschlauchleitungen ist entscheidend.

Dies schließt die Verwendung geeigneter Armaturen und Anschlüsse sowie die richtige Montage und Befestigung der Schläuche ein. Die DGUV Regel 113-020 bietet Empfehlungen zur sicheren Montage und Befestigung.

3. Instandhaltung und Prüfung: Die regelmäßige Instandhaltung und Prüfung von Hydraulikschlauchleitungen ist unerlässlich, um mögliche Defekte oder Abnutzung frühzeitig zu erkennen und zu beheben. Die DGUV Regel 113-020 legt klare Prüfungsintervalle und -verfahren fest.

4. Austausch: Wenn Hydraulikschläuche verschlissen oder beschädigt sind, müssen sie rechtzeitig ausgetauscht werden. Die Regelung gibt Anweisungen zur ordnungsgemäßen Entfernung und Entsorgung von alten Schläuchen sowie zum sicheren Einbau neuer.

5. Schulung und Qualifikation: Die DGUV Regel 113-020 betont die Bedeutung der Schulung und Qualifikation des Personals, das mit Hydraulikschlauchleitungen arbeitet. Dies gewährleistet, dass die Mitarbeiter die erforderlichen Kenntnisse und Fähigkeiten für sicheres Arbeiten besitzen.

Die Einhaltung der DGUV Regel 113-020 trägt dazu bei, Unfälle und Ausfälle in hydraulischen Systemen zu minimieren und somit die Sicherheit von Arbeitnehmern und die Verfügbarkeit von Maschinen zu gewährleisten. Hydraulikschlauchleitungen, die den Vorschriften und Empfehlungen der DGUV Regel 113-020 entsprechen, bieten eine zuverlässige und effiziente Möglichkeit, Hydraulikenergie in einer Vielzahl von Anwendungen sicher zu übertragen.

Im Kontext der Hydrauliktechnik ist es ebenfalls von großer Bedeutung, die richtige Methode zur Entkopplung eines Hydrauliksystems von den Rohrleitungen und Verbrauchern zu verwenden. Dieser Aspekt ist nicht zu unterschätzen, da er erhebliche Auswirkungen auf die Leistung und Langlebigkeit des Systems haben kann. Durch die Verwendung von Schlauchleitungen anstelle von starren Rohrleitungen zur Verbindung von Hydraulikkomponenten lässt sich eine effektive Entkopplung erreichen, wodurch Vibrationen und Pulsationen im System weitgehend eliminiert werden.

Die Verwendung von Schlauchleitungen bietet mehrere Vorteile. Erstens ermöglichen sie eine gewisse Flexibilität im System, da Schlauchleitungen in der Lage sind, kleine Bewegungen oder Vibrationen aufzufangen, die in einem Betriebsumfeld auftreten können. Dies hilft, die Belastung der Rohrleitungen und Verbraucher zu reduzieren, was wiederum die Lebensdauer der gesamten Anlage erhöht.

Zweitens können Schlauchleitungen Schwingungen und Pulsationen, die durch den Betrieb von Hydraulikkomponenten verursacht werden, absorbieren. Dies ist besonders wichtig in Anwendungen, in denen eine konstante und gleichmäßige Bewegung oder Druckregelung erforderlich ist. Die Verwendung von Schlauchleitungen kann unerwünschte Schwankungen minimieren und somit zur Präzision und Stabilität des Systems beitragen.

Drittens ermöglichen Schlauchleitungen eine einfachere Wartung und Reparatur des Systems. Im Falle eines Schadens oder einer Leckage an einer Schlauchleitung kann diese leicht ausgetauscht werden, ohne dass die gesamte Rohrleitung entfernt werden muss. Dies reduziert die Stillstandszeiten und erhöht die Betriebseffizienz.

Um die Bedeutung der Entkopplung des Hydrauliksystems von den Rohrleitungen zu verdeutlichen, können erfolgreiche Beispiele und Fotos von solchen Anwendungen dienen. Diese zeigen, wie die Verwendung von Schlauchleitungen dazu beiträgt, die Zuverlässigkeit, die Effizienz und die Lebensdauer des Hydrauliksystems zu verbessern. Es ist wichtig, die richtigen Schlauchmaterialien, -größen und -anschlüsse auszuwählen, um sicherzustellen, dass die Entkopplung optimal funktioniert und die Anforderungen der spezifischen Anwendung erfüllt werden.

Zusammenfassend ist die Entkopplung eines Hydrauliksystems von Rohrleitungen und Verbrauchern mithilfe von Schlauchleitungen eine bewährte Praxis, die zu einer besseren Leistung und Zuverlässigkeit des Systems führt. Sie trägt zur Minimierung von Vibrationen, Pulsationen und unerwünschten Schwankungen bei und erleichtert die Wartung. Daher ist es entscheidend, die richtigen Entkopplungsmethoden in hydraulischen Anwendungen zu verwenden, um eine reibungslose und effiziente Arbeitsweise zu gewährleisten.

Nachfolgend ein paar Fotos über erfolgreiche Hydrauliksystem Entkopplungen.

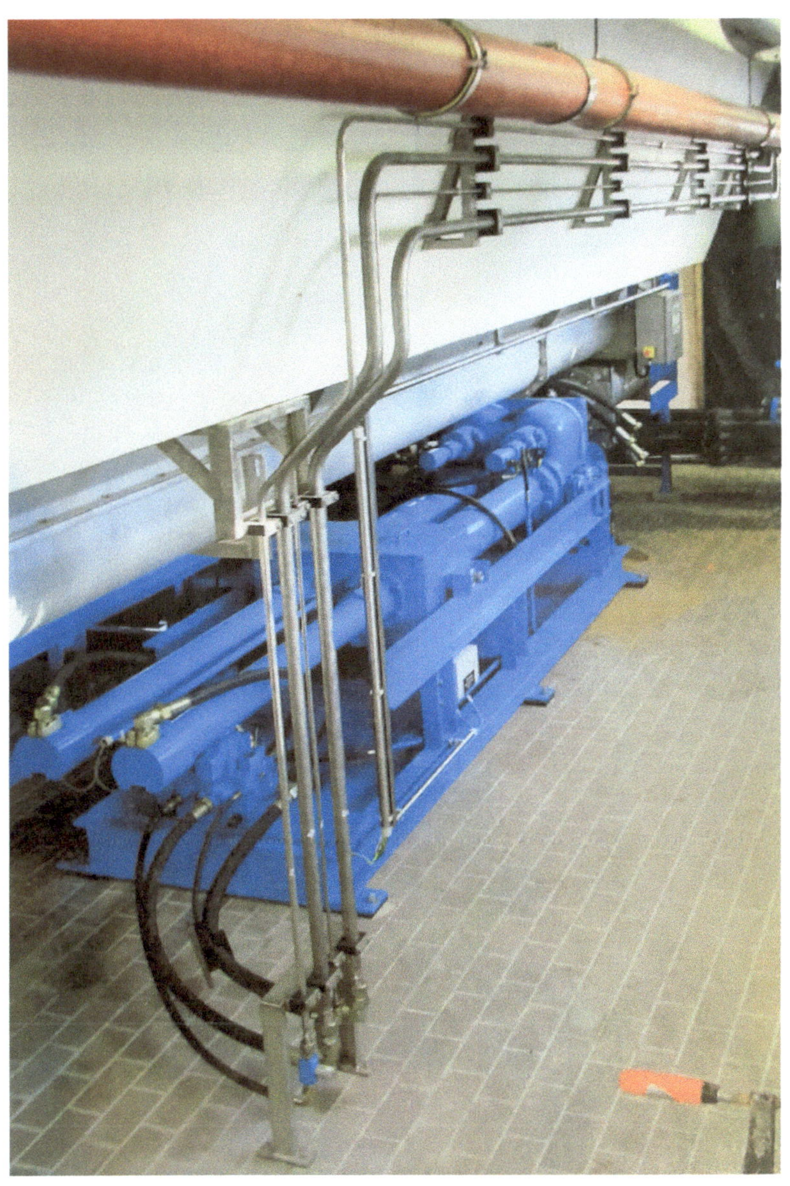

Achtung:

Beim Aufmaß einer Hydraulik-Schlauchleitung ist es von entscheidender Bedeutung, sowohl die Anschlussarmaturen als auch die Gewinde sorgfältig zu vermessen. Dies bedeutet, dass wir nicht nur das Gewinde, sei es ein Außengewinde oder Innengewinde, genau aufnehmen sollten, sondern auch den Konus, ob er sich an der Schlaucharmatur oder an der Anschlussverschraubung befindet. Dies geschieht am besten mit einer hochpräzisen Schieblehre, um genaue Messergebnisse zu gewährleisten.

Es ist wichtig zu betonen, dass man sich nicht allein auf die Beschriftung verlassen sollte, wenn es sich um eine Schlaucharmatur mit metrischem Gewinde handelt.

Zum Beispiel, wenn "22 L" auf der Überwurfmutter eingeprägt ist, bedeutet dies nicht zwangsläufig, dass es sich auch um eine 22-L Überwurfmutter handelt. Es könnte sich stattdessen auch um eine 20-S Überwurfmutter handeln. Dies liegt daran, dass 20 S und 22 L das gleiche Gewindeprofil (M30x2) aufweisen. Diese Verwechslungsgefahr gilt auch für einige andere Armaturen der S (schweren Reihe) und L (leichten Reihe). Die Gewindeprofile für Schlaucharmaturen kann man sich aus dem Internet herunterladen.

Daher ist es unerlässlich, bei der Vermessung und Identifizierung von Gewinden äußerst präzise vorzugehen, um sicherzustellen, dass die richtigen Komponenten für Ihre Hydraulik-Schlauchleitung verwendet werden. Dies ist von großer Bedeutung, da ungenaue Angaben zu Verbindungen und Gewinden zu Funk-

tionsstörungen und potenziell gefährlichen Situationen
führen können.

Kapitel 13

Der Blasenspeicher

Die grundlegende Aufgabe, die alle Hydrospeicher gemeinsam haben, besteht darin, bestimmte Volumina
eines unter Druck stehenden Mediums, in der Regel eine
Hydraulikflüssigkeit, von einer Hydraulikanlage auf-
zunehmen und es bei Bedarf der Hydraulikanlage wieder
zuzuführen. Es gibt verschiedene Arten von Hydrospeichern, darunter Gewichts- und Federspeicher, oder
mit einem Trennelement zwischen Gas und dem Medium
(in der Regel Hydraulikflüssigkeit), Kolbenspeicher,
Membranspeicher und Blasenspeicher. In diesem
Zusammenhang möchte ich den Blasenspeicher genauer
vorstellen.

Ein Blasenspeicher ist ein wichtiger Bestandteil in der
Ölhydraulik, einer Technologie, die in verschiedenen
Industrien, einschließlich Maschinenbau, Fahrzeug-
technik, Schiffsbau und vielen anderen Anwendungen,
weit verbreitet ist. Der Blasenspeicher dient dazu,
Hydrauliksystemen eine zusätzliche Flexibilität und
Leistungsfähigkeit zu verleihen. Im Folgenden werde ich
ausführlich auf den Blasenspeicher in der Ölhydraulik
eingehen.

1. Grundprinzipien der Ölhydraulik: Die Ölhydraulik ist

ein Antriebssystem, das Hydrauliköl verwendet, um mechanische Energie zu übertragen und Steuerungsaufgaben auszuführen. Dabei wird Hydrauliköl unter Druck gesetzt und in hydraulischen Zylindern, Motoren und anderen Aktuatoren verwendet, um mechanische Arbeit zu verrichten. Die Ölhydraulik bietet aufgrund der Inkompressibilität von Flüssigkeiten und der Fähigkeit, hohe Kräfte bei relativ geringen Geschwindigkeiten zu erzeugen, viele Vorteile.

2. Aufgaben des Blasenspeichers: Der Blasenspeicher ist ein wichtiger Bestandteil eines Hydrauliksystems, da er unter anderem mehrere wichtige Funktionen erfüllt:

- **Speichern von Hydrauliköl:** Der Blasenspeicher speichert eine bestimmte Menge an Hydrauliköl unter Druck. Dies ermöglicht es, zusätzliche Energie in Form von Druckenergie zu speichern, die bei Bedarf freigesetzt werden kann.

- **Druckschwankungsausgleich:** In Hydrauliksystemen können Druckschwankungen auftreten, insbesondere wenn Aktuatoren wie Hydraulikzylinder betätigt werden. Der Blasenspeicher kann dazu beitragen, diese Schwankungen auszugleichen und den Druck im System konstant zu halten.

- **Notfallenergiequelle:** Blasenspeicher können in Notfällen als Energiequelle dienen. Wenn die Hauptpumpe ausfällt oder es zu einem unerwarteten Druckabfall kommt, kann der Druck aus dem Blasenspeicher genutzt werden, um bestimmte Funktionen aufrechtzuerhalten oder die Anlage sicher herunterzufahren.

Der Aufbau eines Blasenspeichers gestaltet sich wie folgt: Der Blasenspeicher besteht im Wesentlichen aus einem Druckbehälter, der in zwei Hauptbereiche unterteilt ist: den Hydraulikölbereich und den Stickstoffbereich. In beiden dieser Bereiche befindet sich ein flexibles Trennelement, das als Blase bezeichnet wird.

Der Hydraulikölbereich ist der Raum, in dem sich das Hydrauliköl befindet, und er ist mit dem Hydrauliksystem verbunden. Das Hydrauliköl wird unter Druck in den Hydraulikölbereich gepumpt und wirkt auf die Blase ein, wodurch die Druckenergie gespeichert wird.

Der Stickstoffbereich ist der Bereich, der mit Stickstoffgas gefüllt ist. Dieser Raum befindet sich auf der anderen Seite der Blase und erzeugt eine Gegenkraft auf das Hydrauliköl. Der Stickstoffbereich kann über ein Ventil mit Stickstoffgasflaschen oder einem Stickstoffgenerator verbunden werden.

Der Blasenspeicher funktioniert, indem er die Druckenergie in Form von komprimiertem Gas (Stickstoff) und Hydrauliköl speichert. Die Blase als flexibles Trennelement ermöglicht die Trennung zwischen diesen beiden Medien, während sie die Übertragung von Druckkräften zwischen ihnen ermöglicht. Dieser Aufbau und die Funktionsweise des Blasenspeichers spielen eine entscheidende Rolle bei der Stabilisierung des Hydrauliksystems und der Bereitstellung von Druckunterstützung, wenn sie benötigt wird.

3. Anwendungen des Blasenspeichers: Blasenspeicher finden in verschiedenen Industrien und Anwendungen Verwendung. Einige typische Beispiele sind:

- **Mobile Maschinen:** In Baumaschinen, Landwirtschaftsfahrzeugen und anderen mobilen Maschinen werden Blasenspeicher häufig verwendet, um Stoßdämpfungseffekte zu reduzieren und eine reibungslose Bewegung sicherzustellen.

- **Industrieanlagen:** In Produktionsanlagen, Papierfabriken und anderen Industrieanlagen werden Blasenspeicher eingesetzt, um Druckschwankungen auszugleichen und Notfallenergie bereitzustellen.

- **Schiffsbau:** In Schiffen können Blasenspeicher dazu beitragen, die Stabilität und Steuerbarkeit zu verbessern.

Insgesamt ist der Blasenspeicher ein wesentlicher Bestandteil von Hydrauliksystemen, der dazu beiträgt, die Leistungsfähigkeit, Sicherheit und Zuverlässigkeit von Hydraulikanwendungen zu steigern.

Das folgende Foto auf Seite 74 zeigt einen 2,5 Liter Blasenspeicher im Schnitt.

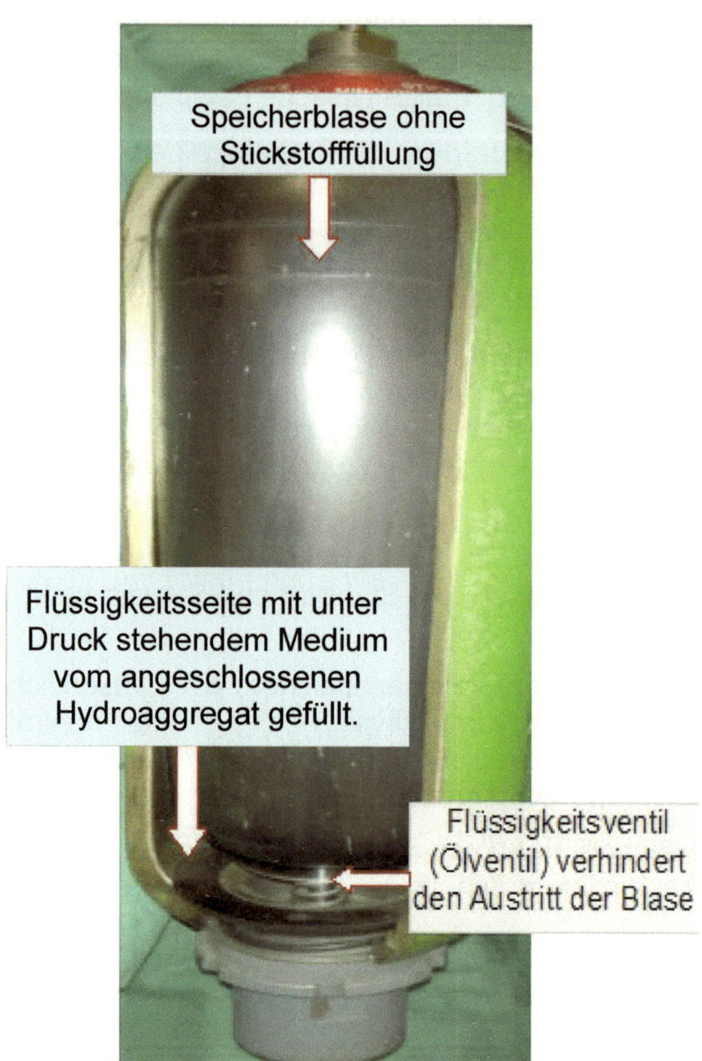

Speicherblase ohne Stickstofffüllung
Flüssigkeitsseite mit unter Druck stehendem Medium vom angeschlossenen Hydroaggregat gefüllt.
Flüssigkeitsventil (Ölventil) verhindert den Austritt der Blase

Zubehör für Hydrospeicher

Der Sicherheits- und Absperrblock stellt eine unverzichtbare Komponente dar, die der Sicherung und dem reibungslosen Betrieb von Hydrospeichern dient. Seine Hauptfunktion besteht darin, Hydrospeicher vor potenziellen Gefahren zu schützen und eine sichere Handhabung im Rahmen hydraulischer Systeme zu gewährleisten. Dabei erfüllt er die strikten Vorgaben und Normen, die in der Druckbehälterverordnung festgelegt sind.

Der Sicherheits- und Absperrblock kann in mehrfacher Hinsicht dazu beitragen, die Integrität und Funktionalität von Hydrospeichern sicherzustellen. Einer seiner Hauptzwecke ist die Absicherung gegen Überdruck und das Verhindern von unkontrolliertem Druckanstieg im Speicher. Dies ist besonders wichtig, da Hydrauliksysteme in der Industrie oft hohen Drücken und Lasten ausgesetzt sind, was potenzielle Gefahren mit sich bringt. Der Sicherheits- und Absperrblock ermöglicht es, die Druckverhältnisse zu überwachen und gegebenenfalls unerwünschte Druckspitzen zu verhindern.

Darüber hinaus gewährleistet der Block die sichere Abtrennung des Hydrospeichers von der restlichen Hydraulikanlage, was bei Wartungs- und Reparaturarbeiten von großer Bedeutung ist. Er sorgt dafür, dass der Speicher entleert und gesichert werden kann, ohne das gesamte Hydrauliksystem beeinträchtigen zu müssen.

Die Einhaltung der einschlägigen Sicherheitsvorschriften, wie sie in der Druckbehälterverordnung festgelegt sind, ist von höchster Wichtigkeit, um Unfälle und

Schäden zu verhindern. Die Druckbehälterverordnung definiert genaue Standards und Anforderungen, die bei der Konstruktion, Herstellung und Wartung von Druckbehältern und -systemen, zu denen auch Hydrospeicher gehören, eingehalten werden müssen. Der Sicherheits- und Absperrblock ist speziell dafür entwickelt und ausgelegt, um diesen Vorschriften in vollem Umfang gerecht zu werden.

Insgesamt ist der Sicherheits- und Absperrblock ein entscheidendes Element im Bereich der Hydrauliktechnik, das sowohl den Schutz von Anlagen und Personen als auch die Einhaltung gesetzlicher Vorschriften gewährleistet. Er trägt dazu bei, die Hydrauliksysteme in der Industrie sicher und zuverlässig zu betreiben, wodurch mögliche Risiken minimiert und die Effizienz gesteigert wird.

Während meiner Tätigkeit im Kundendienst bei einem Hersteller von Hydraulikkomponenten im Saarland wurde ich eines Tages zu einem großen Kraftwerk gerufen. Dort betrieb man mehrere Rauchgasklappen mithilfe sogenannter "Stellantriebe". Jeder dieser Stellantriebe war mit einem Blasenspeicher ausgestattet, der als Notfallvorrichtung fungierte. Es ergab sich jedoch ein Problem, bei dem die Reparaturfachleute des Kraftwerks immer wieder reklamierten, dass der Blasenspeicher undicht wäre.

Ich begab mich in das Kraftwerk, um die Situation genauer zu untersuchen und die Ursache für die Undichtigkeit zu ermitteln. Zu meiner Verwunderung stellte ich fest, dass die Reparaturfachleute nach jeder Reparatur einen Haken an den Sicherheits- und Absperrblock schweißten. Dies hatte zur Folge, dass die Dichtschalen und sämtliche Elastomere, die im Absperrblock verbaut waren, schmolzen und erneut zu Undichtigkeiten führten. Dieser Haken wurde, im Kraftwerk, dazu verwendet, um mithilfe eines angebundenen Seils eine Tür offen zu halten. Hätte dieser Umstand bereits bei vorherigen Reparaturen am Speicher im Kundendienst bemerkt werden sollen?! aber die Reparaturfachleute des Kraftwerks entfernten den Haken vor jeder Reparatur und schweißten ihn danach an den Ersatz-Stellantrieb am Sicherheits- und Absperrblock an. Dies führte dazu, dass im Wechsel immer wieder "undichte Stellantriebe" im Kundendienst gemeldet wurden.

Ich erklärte den Reparaturfachleuten, dass weder an den Speichern noch an den Sicherheits- und Absperrblöcken geschweißt, geschraubt oder gebohrt werden darf, da in diesem Bereich einschlägige Sicherheitsvorschriften gelten. Ich bin zuversichtlich, dass die Reparaturfachleute das Problem verstanden haben und sich künftig an diese Vorschriften halten werden.

Kapitel 14

Der ISWEOS Tower

In Kapitel 1 meines Buches betonte ich bereits, dass die Untersuchung der Energieerzeugung meiner "lautlosen Windturbine" (ISWEOS Tower) mithilfe einer detaillierten hydraulischen Messstrecke erfolgte. Dieser komplexe Prozess erforderte die Verbindung eines hochmodernen digitalen Handmessgeräts (HMG) mit einer Messturbine, um sowohl den Überdruck als auch die Literleistung präzise zu ermitteln. Die Messturbine wurde in diesem Kontext mit einer Außenzahnradpumpe verknüpft, die eine Durchflussrate von 96 Kubikzentimetern pro Umdrehung aufwies. Diese Pumpe war sorgfältig unter dem ISWEOS Tower angebracht, um die Erfassung der Turbinenleistung zu gewährleisten.

Zusätzlich zur hydraulischen Messstrecke konnte ich zur Bestimmung der durchschnittlichen Windgeschwindigkeit über einen Zeitraum von 10 Minuten auf ein hochgenaues Schalenanemometer zurückgreifen. Diese Methode ermöglichte es mir, die entscheidenden Daten für meine Untersuchung zu gewinnen.

Es war von entscheidender Bedeutung, sicherzustellen, dass die geräuschlose Windturbine auch bei niedriger Windgeschwindigkeit zuverlässig arbeitete. Aus diesem Grund wurde in die Messstrecke eine Drossel eingebaut, die mit großer Sorgfalt justiert wurde. Diese Drosselregelung wurde so kalibriert, dass die Windturbine selbst bei geringen Windgeschwindigkeiten in Betrieb blieb, was die Konsistenz und Effizienz des Systems gewährleistete.

Dieser Schritt war von großer Bedeutung, da er sicherstellte, dass die Turbine auch unter weniger idealen Wetterbedingungen effektiv arbeitete und somit ihre Energieerzeugungspotenziale voll ausgeschöpft werden konnten.

In höheren Windgeschwindigkeiten wurde das Drossel-ventil schrittweise geschlossen, jedoch stets nur so weit, dass sich die lautlose Windturbine (ISWEOS-Tower) weiterhin drehte. Anschließend wurden mithilfe eines Handmessgeräts (HMG) die Literleistung der Außen-zahnradpumpe und der Überdruck abgelesen. Dieser Vorgang musste innerhalb eines Zeitzyklus von 10 Minuten so schnell wie möglich wiederholt werden.

Nach jedem Ablesen der Literleistung und des Über-drucks wurde die abgegebene Leistung in Kilowatt berechnet, ohne den Wirkungsgrad zu berücksichtigen. Die Zahlenwertgleichung lautet: Liter pro Minute x bar geteilt durch 600 gleich Kilowatt. Nach Abschluss dieser Berechnungen wurde der Durchschnitt der während des 10-minütigen Zeitraums gesammelten Daten des Hand-messgeräts ermittelt.

Abschließend wurde lediglich der 10-minütige Durch-schnittswert der Windgeschwindigkeit am Halbschalen-anemometer hinzugefügt. Auf diese Weise erhielt man den Durchschnittswert der Leistung, den die Welle der lautlosen Windturbine (ISWEOS-Tower) innerhalb eines 10-minütigen Zeitraums bei entsprechender Windan-strömung erbrachte.

Dadurch erhielten wir unter anderem den unteren Wert von einem ISWEOS-Tower mit einer Spitzenleistung von 1 kW (was bedeutet, dass 1 kW bei etwa 12 Metern pro Sekunde Winddurchschnittsgeschwindigkeit erzeugt wird). Die Losdrehgeschwindigkeit beträgt ungefähr 1,7 Meter pro Sekunde Winddurchschnittsgeschwindigkeit. Bereits bei einer Windgeschwindigkeit von 2 Metern pro Sekunde erzielte die lautlose Windturbine (ISWEOS-

Tower mit EU-Patent) eine Leistung von etwa **14 Watt.**

Andere Windräder befinden sich zu diesem Zeitpunkt noch nicht einmal in Bewegung.

Kapitel 15

Vorbeugende Instandhaltung

a) Inspektion

b) Wartung

c) Instandsetzung (Austausch)

a)

Hydraulikflüssigkeitsstand alle 10-50 h prüfen (Herstellerangaben beachten; falls ein kürzerer Zyklus empfohlen wird, diesem folgen).

Leckstellen feststellen. Nach Möglichkeit sofort beseitigen, allerdings Verschraubungen nicht unter Druck nachziehen! Rohrleitungen und Schlauchleitungen ebenfalls auf Dichtheit (optisch) überpüfen.

Rohrleitungen müssen neben der Dichtheit auch auf einen stabilen Sitz an ihren Befestigungspunkten überprüft werden.

Eingebaute Schlauchleitungen sollten nicht nur auf Dichtheit optisch überprüft werden, sondern gemäß den

Anweisungen auf Seite 63 im Kapitel Hydraulik-Schlauchleitungen, idealerweise unter Verwendung der DGUV Regel 113-020, geprüft werden.

Betriebsflüssigkeit optisch auf Sauberkeit überprüfen. Bei Mineralöl lässt schwarzbraunes Öl auf Alterung schließen. Luft ist im schaumigen sowie milchigen Öl eingeschlossen und trübes schleimiges Öl enthält Wasser.

Im gleichen Zeitraum (siehe oben) Betriebsflüssigkeits-temperatur überprüfen und mit früheren Messungen unter Berücksichtigung der Umgebungstemperatur ver-gleichen.

Wenn vorhanden Wärmetauscher auf Funktion und Wirksamkeit prüfen.

Etwa alle 500 h (Herstellerangaben beachten s. oben) den Verschmutzungsgrad der Betriebsflüssigkeit prüfen, am besten durch Auszählung der Schmutzpartikel in einem Teilchenzählgerät. Detaillierte Informationen zur Feststoffverschmutzungsermittlung in der Betriebsflüs-sigkeit einer Hydraulikanlage finden sich im Internet zum Download.

<u>Druckkontrolle:</u>

Alle eingestellten Drücke sind mit den Sollwerten auf den Schaltplänen zu vergleichen. Maximaler Systemdruck, Zuschaltdrücke, geminderte Druckkreise, Steuerdrücke, Abschaltdrücke sowie Drücke an Druckschaltern et cete-ra kontrollieren.

Stickstoffdruck bei Druckspeichern überprüfen!

Leistungskontrolle:

Kontrolle des gesamten Betriebszyklus und der Takt-
zeiten. Überprüfen, ob die vorhandenen Geschwindigkeiten der Abtriebseinheiten (Zylinder, Hydromotor,
Schwenktrieb) den Sollwerten entsprechen. Messung der
Leistungsaufnahme zu früheren Messungen. Aus diesen
Parametern kann auf den Gesamtzustand der Hydraulikanlage geschlossen werden.

Geräuschkontrolle:

Sind Pumpen und E-Motore lauter geworden gegenüber
dem Neuzustand? Haben sich Vibrationen und
Erschütterungen vermehrt? Machen Zylinder beim Ein-
oder Ausfahren Knatter-oder Rattergeräusche? Wenn
dies zutrifft, Ursachen erkunden und abstellen.

Leckölmengen-Kontrolle:

Etwa alle 500 h (Herstellerangaben beachten s. oben)
den Leckölanteil entsprechender Pumpen messen und
mit den Sollkurven der Pumpenhersteller vergleichen
bzw. mit eigenen, früheren Messungen. Vermehrter
Leckölstrom weißt auf Pumpenverschleiß hin.

b)

Hydraulikanlage äußerlich reinigen

Leckagen bringen Betriebsflüssigkeitsverluste, immer
gleiche Betriebsflüssigkeit nachfüllen! Rohrverschrau-
bungen nachziehen, Hydraulik-Schlauchleitungen aus-

wechseln (s. Seite 84 oben). Befestigungen der Hydrogeräte nachziehen, lose Befestigungsschrauben führen bei Vibrationen zu Gewindezerstörungen, Leckagen und Maschinenausfällen.

Grundsätzlich bei jedem Betriebsflüssigkeitswechsel sind die Einsätze von Luft-, Rücklauf-, Druck- und Saugfilter zu reinigen oder zu tauschen.

Dichtungen von Ventilen, Zylindern und sonstigen Geräten wechseln.

Alle Druckeinstellungen wenn notwendig nachjustieren. Dies gilt für alle unter **a)** aufgeführten Druckventile.

Schmierstellen, z. Bsp. Gelenk-oder Schwenkaugen von Hydrozylindern periodisch schmieren.

Stickstoff in Druckspeichern nachfüllen.

Achtung!

Bei Wartungsarbeiten an Druckbehältern gilt die Druckbehälterverordnung (s. Seite 70 „Der Blasenspeicher")

c)

<u>Betriebsflüssigkeitswechsel:</u>

Die Erstbefüllung sollte nach 50-100 Betriebsstunden (Herstellerangaben beachten; falls ein kürzerer Zyklus empfohlen wird, diesem folgen) insbesondere dann gewechselt werden, wenn die Hydraulikanlage nach der Montage nicht oder unzureichend gespült wurde. Ein stark verschmutzter Filtereinsatz zeigt auch ein stark verschmutztes Betriebsmedium an. Die Betriebsflüssigkeit ist deswegen nicht unbedingt unbrauchbar geworden, sondern eben nur durch Fremdkörper stark verunreinigt. Nach einer entsprechenden Feinfilterung kann die Betriebsflüssigkeit wieder verwendet werden.

Weitere Betriebsflüssigkeitswechsel sollten alle 3000-5000 h erfolgen. Stark (durch Staub, Temperatur et cetara) belastete Hydraulikanlagen z.Bsp. In Stahlwerken, Gießereien usw. alle 500-1000 h mit neuem Betriebsmedium befüllen (s. zum Thema auch Seite 23 Kapitel: Nicht ganz Dicht! in diesem Buch). Die genannten Zahlen sind Richtwerte (Herstellerangaben beachten), genauere Zahlen sind unter anderem von dem Betriebsmedium, der Betriebsteperatur und sonstigen Bedingungen abhängig. Auf jeden Fall ist es ratsam, die Betriebsflüssigkeit wenigstens einmal im Jahr zu wechseln.

Stark gealtertes Betriebsmedium durch Nachfüllen mit neuer Betriebsflüssigkeit verbessern zu wollen ist nicht ratsam, da wertvolle Wirkstoffe wie, unter anderem, Schmierfähigkeit oder Korrosionsschutz nicht mehr in ausreichendem Maße vorhanden sind.

<u>Achtung:</u>

Auch sei dringend darauf hingewiesen, daß bei jedem Betriebsflüssigkeitwechsel der Tank innen komplett gereinigt werden muss, da durch die Entleerungshähne am Behälter feste und dickflüssige Ablagerungen nicht abfließen. Durch Absaugen des Betriebsmediums aus dem Behälter mittels separater Pumpe werden diese Rückstände ebenfalls nicht vollständig entfernt.

<u>Wechsel von Filteelementen:</u>

Früher war es üblich, Hydraulikfilterelemente durch Reinigung mit Benzin oder ähnlichen Lösungsmitteln zu säubern und anschließend mit Pressluft auszublasen. Alternativ konnten bestimmte Filterelemente zur speziellen Reinigung an den Hersteller geschickt werden. Die heute verwendeten Filtergewebe sind jedoch oft schwer oder gar nicht mehr zu reinigen, weshalb ein Austausch der Filterelemente empfohlen wird. Da die Tiefe der Verschmutzung in den Filterelementen visuell nicht mehr erkennbar ist, erfolgt die Beurteilung des Verschmutzungsgrades über die Druckdifferenz vor und nach dem Element.

Es empfiehlt sich daher, ausschließlich Filter mit op-tischer oder elektronischer Verschmutzungsanzeige zu verwenden. Filter ohne Anzeige sollten in regelmäßigen Zeitabständen, etwa alle 50-500 Betriebsstunden (Herstellerangaben beachten; falls ein kürzerer Zyklus empfohlen wird, diesem folgen), je nach Belastungsgrad der Hydraulikanlage ausgetauscht werden. Dies gewährleistet eine effektive Funktion und verhindert mögliche Schäden durch eine unzureichende Filtration.

Zylinderdichtungen alle 3000- 5000 h austauschen.

Hydraulikpumpen haben eine Lebensdauer zwischen 5000 und 10000 Betriebsstunden.

Wegeventile haben Standzeiten zwischen 10000 und 50000 h, je nach Verschmutzungsgrad des Betriebs-mediums.

Alle vorgenannten Zahlen sind Richtwerte. Durch sorg-fältige Erfassung Austauschaktionen kann eine Aussage über die Standzeit bzw. den Verschleiß in der jeweiligen

Anlage gemacht werden, indem man festlegt, welche Teile zu welchem Zeitpunkt ausgewechselt werden müssen.

Empfohlene tägliche Kontrolle

Bei der täglichen Betriebsbegehung durch das Instandhaltepersonal sollten folgende Überprüfungen mindestens, im Rahmen einer geplanten Zustandskontrolle durchgeführt werden:

1. **Betriebsflüssigkeitstemperatur kontrollieren:** Es ist von entscheidender Bedeutung, die Temperatur der Betriebsflüssigkeit regelmäßig zu überwachen, um sicherzustellen, dass sie innerhalb des empfohlenen Bereichs liegt. Abweichungen könnten auf mögliche Probleme oder ineffiziente Betriebsbedingungen hinweisen.

2. **Kontrolle des Betriebsmediumsstands und seines Aussehens:** Die Überwachung des Füllstands und die visuelle Beurteilung des Zustands des Betriebsmediums ermöglichen die frühzeitige Erkennung von Verunreinigungen oder ungewöhnlichen Farbveränderungen, die auf mögliche Schäden oder Verschlechterung hinweisen könnten.

3. **Stand der Filterverschmutzungsanzeiger:** Die Filterverschmutzungsanzeiger sollten regelmäßig überprüft werden, um sicherzustellen, dass sie nicht auf eine kritische Verschmutzung hinweisen.

Ein rechtzeitiger Austausch der Filter ist entscheidend, um die Wirksamkeit des Systems zu gewährleisten.

4. **Druckkontrolle an Manometern und Wahlschaltern:** Die Druckwerte an Manometern und Wahlschaltern sind entscheidende Indikatoren für die Leistungsfähigkeit der Anlage. Abweichungen könnten auf Leckagen, Verstopfungen oder andere Probleme hinweisen, die sofortige Aufmerksamkeit erfordern.

5. **Geräuschkontrolle:** Die Überwachung der Geräuschkulisse während des Betriebs ist wichtig, um ungewöhnliche Geräusche oder Vibrationen zu identifizieren, die auf potenzielle mechanische Probleme oder Verschleißerscheinungen hinweisen könnten.

6. **Dichtheit von Rohr- und Schlauchleitungen sowie Einzelgeräten prüfen:** Lecks in Rohr- und Schlauchleitungen sowie an den Einzelgeräten können zu erheblichen Problemen führen. Eine gründliche Überprüfung auf Dichtheit ist daher von entscheidender Bedeutung, um mögliche Flüssigkeitsverluste zu verhindern.

7. **Gesamtzustand der Anlage überprüfen:** Die systematische Überprüfung des Gesamtzustands der Anlage ermöglicht es, potenzielle Schwachstellen oder Verschleißerscheinungen frühzeitig zu erkennen. Dies umfasst die Inspektion von Verbindungen, Halterungen und anderen strukturellen Elementen.

8. **Aufmerksamkeit für außergewöhnliche Umstände und Erscheinungen:** Während der Inspektion sollte besondere Aufmerksamkeit auf ungewöhnliche Umstände oder Erscheinungen gelegt werden, die nicht den normalen Betriebsbedingungen entsprechen. Dies könnte auf unvorhergesehene Probleme hinweisen, die behoben werden müssen, um eine optimale Leistung der Hydraulikanlage sicherzustellen.

Eine gründliche Überwachung und die tägliche Betriebsbegehung gemäß diesen Richtlinien tragen dazu bei, die Effizienz, Sicherheit und Langlebigkeit der Hydraulikanlage zu gewährleisten.

Nachwort

Mit der Vollendung von "Nicht ganz Dicht! Hydraulik kompakt: Praxistipps vom Experten" schließt sich nicht nur ein Kapitel in der Welt der Hydraulik, sondern es öffnet sich auch die Tür zu einem umfassenden Verständnis und praktischen Know-how in diesem faszinierenden Bereich der Technik.

Die Zusammenstellung dieses Buches wurde von dem Wunsch getragen, nicht nur theoretisches Wissen zu vermitteln, sondern auch praxisnahe Tipps und Erfahrungen weiterzugeben, die in der täglichen Anwendung von unschätzbarem Wert sind. Hydraulik ist mehr als nur eine Technologie; sie ist eine lebendige, sich entwickelnde Disziplin, die eine ständige Auseinandersetzung mit neuen Herausforderungen erfordert.

Während Sie durch die Seiten von "Nicht ganz Dicht!" blätterten, hoffe ich, dass Sie nicht nur Antworten auf konkrete Fragen gefunden haben, sondern auch eine Begeisterung für die Komplexität und Vielseitigkeit der hydraulischen Systeme entwickelt haben.

In der Welt der Technik ist Stillstand keine Option. Neue Entwicklungen, Technologien und Herausforderungen werden weiterhin die Hydrauliklandschaft prägen. Daher ermutige ich Sie, nicht nur dieses Buch als Abschluss zu betrachten, sondern vielmehr als Ausgangspunkt für weiterführende Erkundungen und Entdeckungen. Bleiben Sie neugierig, experimentieren Sie, lernen Sie aus Fehlern und teilen Sie Ihr Wissen mit anderen. Die Hydraulik-Community lebt von einem ständigen Austausch von Ideen und Innovationen.

Abschließend möchte ich mich bei Ihnen, liebe Leserinnen und Leser, für Ihr Interesse und Ihre Zeit bedanken. Es war mir eine Freude, mein Wissen und meine Leidenschaft für die Hydraulik mit Ihnen zu teilen. Möge dieses Buch dazu beitragen, dass Sie in Ihrer hydraulischen Reise stets auf gutem Kurs bleiben und erfolgreich navigieren.

Auf eine Zukunft voller faszinierender hydraulischer Abenteuer!

Mit besten Grüßen,

Dirk Schul

<u>Fachvideos zum Thema:</u> **Fluidtechnik**

findet man auch auf meinem You Tube Kanal: **ISWEOS Energy for People**

hier der Link zum Kanal:

https://www.youtube.com/@isweosenergyforpeople7692

Weitere Informationen über mein Wirken und Schaffen findet man unter dem Button: **Projekte**

Kreativ-Austob-Ecke auf der Homepage von unserem gemeinnützigen Verein: **GIDZ Green Innovative Design Zone e.V.**

https://gidz21.jimdofree.com

Die Bilder und Schaltungsbeispiele wurden freundlicherweise von „ISWEOS Energy for People" zur Verfügung gestellt.

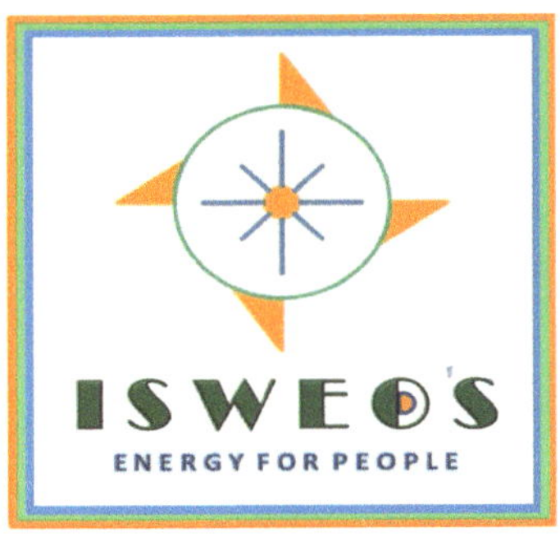